场景体验设计思维

孙炜◎著

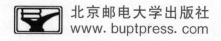

北京邮电大学出版社
www. buptpress. com

内 容 简 介

创新有方法吗？

被誉为最具有创新力的苹果公司，为什么在乔布斯去世后逐渐沦为平庸？

是乔帮主的创新方法没能流传下来？还是创新并不存在所谓的方法？

《场景体验设计思维》对设计思维的思考并没有停留在"方法论层面"，而是指出正确的"设计意识"才是设计思维的关键。为了能更好地理解设计意识，书中设计了多个游戏，并从对游戏的洞察和游戏体验中来帮助读者建构"设计意识"。

用户是场景中的用户！体验是场景带给用户的体验！到底是用户为中心？还是场景为中心？

《场景体验设计思维》跳开传统的"以用户为中心设计"的唯用户论，从"场景"的视角来探寻如何塑造有品质感的用户"体验"，为创造颠覆性产品寻找新的可能。

所以，本书的前半部分讲解"设计意识"的建构，后半部分讲述在正确的设计意识引导之下的场景体验设计方法的综合运用。

图书在版编目（CIP）数据

场景体验设计思维 / 孙炜著 . -- 北京：北京邮电大学出版社，2017.7
ISBN 978-7-5635-5100-2

Ⅰ. ①场… Ⅱ. ①孙… Ⅲ. ①人-机系统—系统设计—研究 Ⅳ. ①TP11

中国版本图书馆 CIP 数据核字（2017）第 113292 号

书　　　名：	场景体验设计思维
著作责任者：	孙　炜　著
责 任 编 辑：	马晓仟
出 版 发 行：	北京邮电大学出版社
社　　　址：	北京市海淀区西土城路 10 号（100876）
发 行 部：	电话：010-62282185　传真：010-62283578
E-mail：	publish@bupt.edu.cn
经　　　销：	各地新华书店
印　　　刷：	保定市中画美凯印刷有限公司
开　　　本：	720 mm×1 000 mm　1/16
印　　　张：	11
字　　　数：	160 千字
版　　　次：	2017 年 7 月第 1 版　2017 年 7 月第 1 次印刷

ISBN 978-7-5635-5100-2　　　　　　　　　　　　　　定价：49.00 元

设计创新有什么方法吗？

这是很多人在学习设计和进行创新的时候经常问的一个问题。

但这是一个错误的提问！

因为这个提问成立的前提是确实存在一些方法，当你学会了就可以持续地进行设计和创新。

可看看现实是怎样的呢？

被誉为当今最具有创新力的苹果公司，在乔布斯去世以后逐渐沦为平庸；

曾经的 SONY 公司是全球创新的典范，可如今却多次传出要被收购；

曾经被苹果和微软偷师的施乐现在又有什么产品是你能想得到呢？

HP、IBM、SΛMSUNG 也都曾在某一时期被誉为行业创新的翘楚，可现在似乎都成为过去时。

为什么会这样呢？

曾经帮助他们打造成功产品的那些方法为什么失效了？

还是那些所谓的创新方法并不是问题的关键？

我倾向于后者。

因为设计创新真的不是一个方法操作层面上的事，不存在一个只要按步骤执行的操作流程或方法，就可以达成设计创新的捷径。

设计创新之所以能够成为创新，就是它突破了以往的规则和逻辑，构建了新的方向和逻辑。而所谓的创新方法会让人在意识层面上想依靠以往成功的逻辑和路径来推演出新的创新，这与创新在本质上是矛盾的。

所以，我认为设计首先是意识的问题，然后才是方法操作层面的东西。

意识是人思考问题的角度和思维方式，是人对所经历的一切事物的感知与综合后的习惯性思维。

也许有人会问：意识是不是就是方法？

意识与方法最大的不同在于，意识不是你知道了就能够形成意识，而方法则是你知道以后基本上就可以按照步骤执行了。意识到了就是意识到了，没意识到就是没意识到。

最典型的例子是很多自信不会被骗的人在被骗以后经常说的就是"我当时没有意识到那是一个骗局"。

再比如我们经常说的看待用户的需求要从宏观的时代背景来解析其需求背后的真正期待，但还是有很多人会被用户的眼前"痛点"占据了所有注意力，最终就是头痛医头脚痛医脚地提供解决方案。

设计创新不仅仅是要解决问题，更是要在正确的方向上提供有品质感的解决方案。

意识是找到"做正确的事"。

方法是帮你"正确地做事"。

本书是放在信息时代的场景下来思考设计师的专业能力该如何建构的。

设计师的专业技能：

不是了解设计流程和方法，也不是设计表达的描绘能力；而是良好的设计意识和对设计品质感的把控能力。

本书由两部分构成：

第一部分在游戏中帮助读者体验和构建良好的设计意识。

第二部分通过设计流程来提升对设计品质感的把控能力。

目录

第一部分　设计意识

第二部分 创新设计思维

第一部分

设计意识

脑筋急转弯：

1. 冬瓜、黄瓜、西瓜、南瓜都能吃，什么瓜不能吃？
2. 三个人共撑一把伞在街上走，却没有被淋湿，为什么？
3. 冬天里，不通过加热，如何才能把冰立刻变成水？
4. 一辆出租车在公路上正常行驶，并且没有违反任何交通规则却被一个警察给拦住了，请问为什么？
5. 地球上哪一部分绝对照不到太阳？
6. 两只长约 7 cm 的红、黑螃蟹赛跑，谁会赢？

你答对了几个？

脑筋急转弯的最大乐趣在于很努力地想也想不出来，但知道答案以后却又发现自己掉到一个"坑"里了，原来这么简单呀。为什么会掉到"坑"里了呢？因为脑筋急转弯都会给你先预设一个"场景"，你在这个场景下思考就会陷入困境，而你如果能有意识地让自己跳出当前场景，往往会发现新的可能、找到答案。而这种跳出场景的意识才是脑筋急转弯的关键，所以设计师首先建立正确的设计意识，再去学习表现技法和设计方法，否则意识不对，技法和方法只能让你错上加错！

什么是"意识"？这里不想从心理学和哲学等学术的角度来阐述，只想说一下我们理解意识的角度：意识不是知识，不是了解了、记住了你就掌握了，它需要变成你的下意识行为和思维习惯，这是意识的核心。所以，这里谈的"设计意识"也不是单纯的设计方法等知识点的集合，而是设计师的思维模式，是在设计问题场景之下的"设计思维意识"。

在这部分包含了六个设计意识，并从"游戏化"的角度来阐述这六个设计意识。

最后，要意识到，这些设计意识也是在发展与变化的。

答案：

1. 傻瓜
2. 根本没有下雨
3. 把冰的两点去掉
4. 警察打车
5. 任何地方都照不到太阳，因为地球不发光
6. 黑螃蟹，因为红螃蟹是煮熟了的

第一章

用户测试意识

一 游戏："另一半"猜想

1. 寻找一位"单身志愿者";

2. 再找 5 位与其不太熟悉的人作为"访谈者"对其进行访谈;

3. 访谈者想 2 个问题来探查志愿者对另一半的倾向,并用文字写在纸上;

4. 访谈者分别单独对单身志愿者进行访谈(只回答刚刚写的 2 个问题,不能多问);

5. 访谈者用文字归纳单身志愿者对"另一半"的期待,并在网上找一张公众人物照片来视觉化"另一半";

6. 把访谈者找到的公众人物照片顺序打乱,呈现给志愿者,志愿者根据自己的直觉快速选出"另一半"。

猜猜会有怎样的结果呢?

7. 把访谈者的文字归纳和提出的问题按图 1-1 所示的格式进行汇总,以进行后续分析。

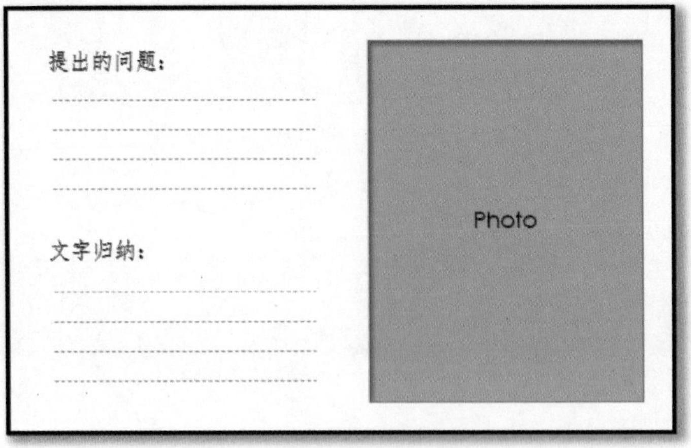

图 1-1 "另一半"视觉化模板

二 游戏洞察

前面的游戏实际上是模拟了设计师（访谈者）对用户（志愿者）进行调研的过程。从中我们可以发现用户很多有趣的特征。同时，用户研究中设计师的行为也是很有意思的。

1. 设计师是在按照自己的方式在理解用户

几位访谈者归纳的文字会是一样的吗？选的照片会是相似风格的吗？按常理这个问题是废话，毕竟是对同一人进行访谈，即便提出问题的技巧和水平有所差异，几位访谈者给出的照片应该是差不多的。但看看下面这些表述你有什么感觉？（照片因牵扯公众人物就不展示了）

"清纯，活泼"

"清纯些，但一定要大大方方的，该玩的时候也能放得开"

"善于与人沟通，会穿（搭配）衣服，不要太闹也不要太沉闷"

"有自己的思想，爱玩、会玩"

"成熟稳重，不一定太性感，但要大气，要得体"

从这些文字中你能感觉到是在说一个人吗？

我多次在课堂上带学生玩这个游戏，其中访谈者给出的照片从来没有一样的，同一人的也很少，甚至有时"另一半"的照片风格差异比较大。仔细看看你们自己的实验是不是也有风格差异比较大的结果呢？实际上访谈者都或多或少地在挑选照片的时候加入了自己的理解，我称之为"本能的反应"。

为什么呢？

"同样的话，放在不同人的耳朵里，听到的就不一样"。

设计师的人生阅历不同，他只能按照自己的方式理解用户，这是铁打的事实！即便现在的设计思维非常强调"同理心"——即站在用户的视角去理解用户，设计师也无法摆脱自己原有知识体系对用户理解的影响。这个问题不要去纠结，更不要去否认，只是在理解用户的时候尽可能地加强"同理心"就好了。

2. 用户是动态成长的

如果把所有访谈者归纳的文字和照片按照访谈顺序排在墙上，你会发现志愿者对"另一半"的期待是随着访谈的深入而动态调整的，比如从"清纯些，但一定要大大方方的，该玩的时候也能放得开"的表述到"成熟稳重，不一定太性感，但要大气，要得体"的演化。这种现象是由访谈者提出的不同问题，使志愿者对"另一半"有了多角度的思考造成的。

在实际生活中，我们也往往有类似的体验：原本想在某网上商城买某个品牌的产品，但在网上转了一圈，看了相关产品的各种评论以后，最终却选择了其他品牌的产品。因为，用户的最初想法随着相关信息的丰富而发生了变化，这是人之常情！

面对用户时一定要意识到：用户是动态成长的，并且可能成长得非常迅速。

3. 用户不擅长预测未来，让用户选择更靠谱些

访谈者会发现志愿者在描述自己的"未来"的另一半时有些啰嗦、含混不清，总是在不停地补充自己的表述：

"要清纯一些的，但要大大方方的，还有该玩的时候也能放得开，比如一起去唱歌的时候要能玩得嗨，但同时也不要是那种太闹的……"

这实际上反映出用户在描述"未来另一半"时内心的模糊和纠结感。但在面对照片选择时,志愿者那种纠结感就少了很多,往往很快就能挑出了自己所认同的照片。

从这里我们发现,想让用户描绘出未来的方向是很难的。但如果你拿几个概念设计方案去让用户选,用户就会较为清晰明确地告诉你他喜欢哪个、不喜欢哪个以及为什么。

乔布斯说过"用户不知道自己想要什么,除非你把东西摆到他们面前"。

基于此,对于前期的用户研究不必花费过多时间进行全面研究,对重点的部分研究一下就好。

建议更多地用"设计原型"来测试用户的喜好和设计方向,这时用户能够告诉你更真实、也更有价值的信息。

4. 用户的期待往往是高于他告诉你的

在一次课上的游戏中,我们的志愿者在选完照片后,告诉我们他真正喜欢的是"蔡依林",并且展示了他去"2015 蔡依林台北小巨蛋演唱会"的现场拍摄的手机视频。可当我们看到视频中颇具女王范又极其性感的蔡依林出场时,很多人都很诧异,因为他告诉我们的信息与这样的画面差距很远(图 1-2)。

这并不是说用户撒谎了,恰恰是用户很理性的表现,因为他能分清自己现实中的"另一半"和内心喜欢的区别。但从他不远万里跑到台北去看现场这一行动中我们可以清晰地看到他的期待,只是这种期待在对用户的研究中用户是很难、也不一定愿意清晰地表达出来的。

此外,当设计师根据用户的需求和不便拿出解决方案时,用户潜意识里也是在期待比自己更专业的设计师能拿出更好的解决方案,这也才能更好地体现设计师的专业性价值。

只有超出用户的期待、带给用户惊喜,用户才会成为你设计方案的真正认同者。

图 1-2　2015 蔡依林台北演唱会现场照

5. 用户的行为更能体现他的真实想法，对用户的"说"要谨慎对待

还是上面的例子，志愿者在繁忙的工作之余，特地自费飞到台北去看演唱会的行为比面对访谈时说的任何话都能更真实地告诉你他的想法、他的需求。

面对用户时多去关注用户的行为，尤其是下意识的行为和动作，对用户的"说"要谨慎对待，因为"说"和"听"的过程掺杂了太多的个人理解。

三 "以用户为中心设计"的困惑

不知从何时起"客户永远都是对的""用户即上帝"成为企业获取用户认同的企业理念，高大上的 UCD 设计（User Centered Design，即以用户为中心的设计）也在阐述同一个道理：设计师要根据用户的需求进行设计，这是毋庸置疑的！在这里我们的确不得不承认用户的呼声、用户的需求太强势了，他们是最终的买单者，谁敢冒天下之大不韪去得罪用户呢？但是在"以用户为中心"的设计理念深入人心的同时，却带给设计师诸多困惑。

首先，如果设计师都完全遵从"以用户为中心的设计"理念，就会出现"面对相同用户，不同企业的设计师设计出的方案是否应该是一样的？"的窘境，或者"同一产品在不同地区的市场销售时，是否应该是不一样的？"的疑问。但在现实中，我们看到的却是，奔驰、宝马、奥迪在面对中国的高端商务客户时，给出的车型在外观设计上风格迥异：奔驰注重沉稳霸气（肌肉感）、宝马呈现出操控中的激情活力（机械感）、奥迪则体现科技感的简洁与干练（科技感）。也许你会说这是进一步细分用户的结果，但在现实中我们确实可以看到同一个用户在为购买奔驰还是宝马而犹豫不决。iPhone 手机无论卖到世界的哪个角落也都是一样的，即便是手小的亚洲人拿在手中的 iPhone 6 Plus 也与相对手大的欧美人拿着的尺寸是一样的。这些国际顶尖公司的设计师是不知道"以用户为中心的设计"理念？还是……

其次，用户可以清晰地告诉你这个手机的按键容易误碰、那个水壶的把手端着不舒服、这款车的车灯造型太丑，还有我喜欢简洁的、有科技感的、国际化的……但怎样才不会误碰？怎样端着就舒服了？车灯又具体丑在什么地方？以及用户具体指的简洁、科技感和国际化到底是什么？这些问题用户是很难清晰、准确地告诉设计师的，尤其是用户对未来的期望往往是很主观的、感性的、模糊的。设计师面对这样的用户需求该怎样处理呢？

　　还有一种较为极端的情景，但近年来也越来越普遍了：在产品发布之前，你很难清晰地描述出谁是你的用户，或者你原以为这部分人群是你的"菜"，但结果却是另一群人对你的设计理念趋之若鹜。典型的例子是小米手机"为发烧而生"的定位，是想把那些经常刷机的"发烧友"纳入自己的核心用户，所以在早期的米 UI 中可以找到很多在原生安卓系统中不能更改的控制按键，因为那些手机发烧友经常要通过刷机来打开底层的控制按键的，但真实的小米用户中有多少是为了"发烧"而来的呢？反倒是注重"性价比"的学生用户才是主力。

　　最了解需求的是用户自己，但完成设计的却是设计师。这里另一个逻辑困惑是：为什么最了解需求的用户自己都没能解决的问题设计师就能解决呢？这是否说明了：了解用户需求并不见得是问题的核心所在？当然我们可以堂而皇之地说设计师有更专业的技能，可以分析和整理更多用户的需求，从中提取更有价值的信息，帮助用户把需求转换为产品概念，并将这种概念进一步导入到生产体系中，最终根据用户的需求生产出产品，实现"以用户为中心"的承诺等等诸如此类的话。但不可否认的是设计师拿到的需求信息的的确确是二手的，当用户的需求随时间发展而有了新的变化时，设计师未必能第一时间获得更新，而完成设计偏偏又要设计师来完成，这是不是有些奇怪？

　　最后，我们最常听到的段子：乔布斯从来不管用户想要什么？他只是每天早上站在镜子前面想他自己想要什么；以及老亨利·福特的话"如果你问顾客想要什么，他们一定回答说想要匹快马"；还有诺基亚为什么没落了呢？是因为用户曾经在 2004 年一项关于触屏手机的测试中，明确地告诉诺基亚的研究人员"他们对触屏不感兴趣，他们更喜欢实体键盘的触感！"于是，短短 3 年后苹果推出了触屏的智能手机，并将诺基亚从全球手机的霸主位置踢了下来，开创了智能手机的苹果时代！这样的故事听多了真的让设计师很郁闷，因为他们很清楚自己不是乔布斯、不是亨利·福特，更没有诺基亚的研发团队，如果不去听用户的，该听谁的？

实际上，"以用户为中心的设计"背后的逻辑是"搞清用户需求就可以去驱动创新了"，但用户需求只是创新驱动引擎中的一个部分，本书并不否认用户需求对创新驱动的作用，但反对"以用户为中心的设计"中的"唯用户论"，并尝试用"场景体验设计思维"来构建后工业时代的创新驱动模式。

四 | 用户测试意识

1. 用户意识

- 用户需求只是创新来源之一，竞品、经济、技术和社会发展趋势同样可以带来创新；
- 用户是动态成长的，用户的成长往往比你想象得要快；
- 用户不善于预测未来，让用户选择更靠谱些；
- 主张多一些"用户测试"，少一些前期的"用户研究"；
- 多关注用户的目的、行为，对用户的"说"要谨慎对待；
- 用户的期待往往高于他告诉你的需求——让用户尖叫。

2. 测试意识

对设计师来说更有价值的是"用户测试"。

用户测试不能简单理解为一系列用户测试方法，它是在充分理解产品或者设计师的设计意图以后才能展开的一系列的用户测试方法，或者说是由设计师主导的用户测试。如果不能很好地理解产品或者设计师的设计意图，一些相关的测试指标很可能会跑偏的。所以这里强调的不是学习测试的方法，而是根据设计的目的来选择测试方法。

五 用户研究通用工具

1. 确定用户是谁？

产品是要设计出来给人用的，所以首先出现在设计师头脑中的便应该是"用户的具体形象"。这一形象既不能太泛泛，比如"所有使用产品的人"，也不能过于个人化，比如"上铺的兄弟"，他应该是代表某一类与产品发生密切关系的人，并且划分这类人的标准是当其与产品进行互动时所表现出来的特征。比如，早期购买小米手机的用户应该是对各种手机技术参数比较在意，同时他们也能理解参数的含义及其所带来的"高性价比"的那一批用户。所以，在定义用户时不能脱离"产品特征"来进行分析和说明。

但是上面的说法往往存在一个"先有鸡还是先有蛋"的问题。就是说产品还没设计出来呢，怎么可能去根据产品特征去定义用户呢？

实际上即便产品还没设计出来，但产品的"问题场景"已然存在了，不然相应的设计需求也就不会发生了。所以，对上面的说法进一步修正为：对用户的定义是要根据产品的使用场景去定义。

同时，对于用户的定义我们一定还要秉持"发展、动态"的意识，即随着设计的深入，我们要不断地去修订我们早期根据问题场景所定义的"用户"，直至最终描绘出符合"产品特征"的用户。用户定义对于后期的产品营销和宣传也是很有帮助的，所以在定义的初期也可以请营销和销售人员介入进来。

定义用户的具体操作如下。

1）初步研究用户

最开始研究用户并不是要马上跑到用户面前展开研究，而是先从与用户有过接触的人员入手。比如，先去问问销售和维修人员用户反映的具体问题是什么？公司高层布置下来这样的设计任务初衷是什么？他们眼中的用户是怎样的？

这一阶段是初步地确定用户及问题场景，还不是定义。所以，以多搜集相关信息为主，不必在意信息是否一定有用。

2）根据场景定义用户属性

完成第一步以后应该马上着手进行第二步，因为这时的记忆还是最新鲜的。

这一步最好准备各种便利贴及一面大的墙，然后把你所能想到的用户所有信息都用便利粘贴到墙上去，并按照下面的属性开始对这些信息归类。下面的属性列表只是建议，熟练以后可以根据具体问题有所增减。

属性分为：一般属性和场景属性。需要提醒的是两种属性的出发点都是与当前问题场景相关的属性！

用户一般属性如下。

- 人口统计信息

人口统计信息主要描述：年龄、性别、职业、收入、头衔、居住位置、文化背景等；

- 生活方式/消费心态

生活价值观：节俭的、懒散的、注重效率的、轻松的、有趣的、舒服的……

消费态度：注重性价比、追求品质感、在能力范围内追求最好的、对新的事物好奇愿意尝试、保守心态、积极心态、消极心态、中性的……

用户场景属性如下。

- 场景描述

场景时间：时间不是仅仅写清楚具体几点，而是说那个时间段对于用户来说意味着什么？比如，同是早上 9 点，对于有的人来说是到公司以后的早会，是一天工作的开始，而对有的人则是睡到自然醒的伸懒腰时间。

场景地点：地点依然是要搞清楚，问题场景所发生的地点对于用户意味着什么？一些大学食堂，对于学生不仅仅是吃饭的地方，也是小组学习的场所。

场景情境：情境可以理解为场景的子集，它不同于时间、地点这种基于真实环境来描述的场景，它是基于场景中的活动来进行描述的，一个场景下可以包含多种情境，比如，对于跑步来说你既可以说在公园里、马路上、跑道上等多种场景下发生，但同时你也可以把跑步分为跑前预热、跑后恢复和跑步行进中等多个活动情境。情境是从另外一个维度上来描述场景，其可以和真实环境的时间地点结合起来描述场景。

- 场景角色

扮演的角色：这里是指在使用产品的场景中不同的用户所扮演的角色，比如拼车上下班的场景中，用户可能是驾驶员，也可能是拼车的人。不同的角色所关注的利益点是不一样的。

角色的不满：痛点，针对当前场景的不满。

角色的愿望：描述当前场景下用户使用产品的动机，并分成短期愿望、长期愿望加以描述。

角色的能力：角色与问题相关的知识、能力是怎样的？比如，对于年轻人来说在手机移动端安装和下载各种 APP 是没有问题的，但对于老年人来说这可能就是一个非常大的障碍。

其他角色：场景中不一定只有用户自己，其他的同时出现在场景中的人我们称之为利益相关者，那么他们会对用户和产品施加怎样的影响呢？这也是需要设计师关注的。

- 场景行为

行为目的：观察用户的行为时不能只看到行为本身，关键是要分析用户每一种行为背后的目的。目的有显性和隐性之分，比如，我们可能经常在墙缝、暖气缝里面发现烟头，表面看起来是抽烟的人懒、不讲卫生，但也很有可能是因为他们仅仅觉得这样做好玩而已。这种目的的分辨可以结合进一步的访谈来区分和挖掘。

行为顺序：用户是按照怎样的先后顺序完成任务的以及这样做的原因。在顺序的背后往往是隐含着用户脑子中对产品理解的模型，或者用户最关心、最容易忽视的利益点。

行为频率：简单说是单位时间内的行为次数，但是要注意单位时间的定义是根据问题场景来定的，不一定非要用 5 分钟、半小时、一个月等固定的时间段来计算频率。比如我们要研究北京早晚高峰时段的人流量，就要用不同路段高峰开始到高峰结束那样的时间跨度来计算。

行为的相关知识/技术能力：行为所反映出用户拥有的知识/技术能力。

行为趋势：在特定的场景下，人的行为有怎样的趋势。比如，随着微信中增加了计步的游戏，人们对于行走的行为会更加关注，很多人会时不时地拿出手机看看自己今天走了多少步。

上述很多问题是需要跟用户接触几次后才能回答的。暂时不能回答的可以先列出来，等面对用户进行观察和访谈时再具体填上去。接下来你需要找一些典型用户，针对他们进行访谈和观察。

3）根据用户属性对用户进行聚类，以形成细分用户

接下来把具有相同或相似属性的用户放在一起，那么围绕当前问题场景，大概有几类人参与其中，他们各自有怎样的需求和愿景就描述出来了，一个初步的细分用户也就形成了。

比如某音乐 APP 的用户可以分为以下几类。

- 音乐发烧友：他们主要是在 APP 的各种曲库中搜寻各种风格的曲目来搭建高品质、富有个性的歌曲列表，同时他们会对各种风格的歌曲和列表发表较有深度的评论，并与其他评论者积极互动。
- 新歌尝鲜者：他们主要是对各种新鲜事物感兴趣，他们会经常翻看 APP 的新歌推荐。
- 懒人陪伴者：这部分人不想费脑子自己构建歌单，他们只是根据当时自己的心情来挑选某一歌单随便听听或者他们希望 APP 能根据自己

的喜好来智能推荐歌曲。对于他们来说音乐就是一个背景音、一个陪伴者。

- 自由听者：他们一般同时安装几个音乐 APP，哪里有他们想听的音乐他们就去哪里。

对用户聚类时，不同的人可能会有不同的结果，这里没有标准答案，以对后续设计更富有建设性意义为标准。

4）用户构建

上面的用户聚类是自下而上的聚类，接下来你要开始有目的地利用前面用户细分自上而下地建立下面这些用户。

- 核心用户：他们是产品最忠诚的用户，无论产品怎样他们都会支持产品。这部分用户不会特别多，但他们对于产品的各项功能是最熟悉的，他们往往会扮演该产品的意见领袖，对产品的传播起很重要的作用。

- 主要用户：这部分用户是使用产品最多的那群用户，他们未必能像核心用户那样把产品的大部分功能都用到，但他们对产品的使用会集中在某些主要功能上，而且频率很高。要想留住这些用户，需要在他们常用的功能上做出特色。

- 一般用户：他们往往是接触产品时间不长的用户，他们还在学习的过程中，需要有针对性地对他们提供帮助，以让他们尽快转为"主要用户"。

- 潜在用户：是那些有可能被产品的某种特征所吸引的用户，他们目前可能在使用其他产品，但他们的需求并没有被很好地满足，如果你的产品刚好具备他们需要的特征，那么就有可能把他们转化为你的主要用户，甚至核心用户。

此外，根据产品的需要还可以构建以下用户。

- 专家用户：对产品最为熟练、最专业的用户。

- 种子用户：最开始发现该产品并开始使用的用户。

- 有影响力用户：能够推广产品的用户。

- 付费用户：这里主要是针对一开始通过免费来吸引用户的产品，那些乐于购买产品内部的各种推荐的用户对于公司盈利是很重要的。

需要记住一点：用户定义需要随着你对问题的研究深入和各种用户测试而更新和迭代。

上述对于用户的描述过程实际上是一个"拟人化"的抽象过程，这就像是一个构造故事的过程，它可以帮助设计师强化记忆，同时也是与其他相关设计人员进行沟通的有效工具。这有一个专有名词"Persona"，它是艾伦·库珀（Alan Cooper）（美）创立的，在其著作 *About Face 4* 有更深入的介绍。此外，也推荐大家看看史蒂文·穆德（Steve Mulder）（美）所写的《赢在用户》和古德曼（美）写的《洞察用户体验：方法与实践（第 2 版）》。

2. 同理心

同理心是要求设计师站在用户的角度去看问题，这是很好地理解问题场景的方法之一。当年迪士尼先生设计迪士尼游乐园时，他是让自己蹲下来，从小朋友的高度视角来看周围的一切设计的。简单说，"同理心"就是要设计师扮演成用户去体验整个产品的使用过程，从而发现其中的问题。

3. 观察

观察主要是了解用户是怎样"做"的！

对于用户的观察有实验室条件下的和自然条件下的。前者在实验室中按照研究者的设定展开，它可以排除各种干扰，让研究者清晰地观察到其想要观察的行为。但其缺点是用户在实验室中往往不会表现出其真正的行为，因为当他意识到自己在实验中、被别人观察时，他会不自觉地改变自己的行为，以使自己的行为更加正面化。自然条件的观察虽可以避免上述用户行为的不自觉改变，但受条件限制并不是所有的行为都能够被观察到。建议是两者相结合地使用。

观察前一定要有一个计划，来明确你想要观察的是什么，并落实到一份观察记录表上，以方便在观察的时候及时记录相关信息。观察记录表的制作要具体问题具体分析，不要试图使用固定一致的观察记录表，那样可能会让你陷入程式化的观察中。观察主要是结合观察目的及前面提到的"用户场景属性"中的几方面内容来确定要观察什么和怎样观察。同时可以结合下面的小贴士来准备：

- 用户的衣着、说话方式、随身携带物品中都包含着很多的信息，可以的话建议拍张照片，如果不行，建议完成观察的时候马上记录下观察到的这方面内容；

- 先把用户的大概行为顺序列一下，如果用户的顺序与你所列的不一样，可以马上手写序号调整；

- 可以自己设计一些用户行为判定的符号，比如行为是正向的用"＋"，行为是负向的用"－"，中性行为用"0"，这样可以加快记录的速度；

- 观察中还有一个很重要的信息是时间的记录，最好的方法是通过录像来记录时间，如果不行可以借助一些运动秒表来手动记录时间；

- 如果是在某些特定场景下的观察，可以事先拍些照片，这样可以方便地记录用户在什么位置有哪些行为细节，比如摸了什么、凑近看了什么……

- 画出一个场景平面图，这样可以很方便地记录用户的行走路线和停留时间。

对于观察能力的提高建议还是从日常生活中做起：时时观察周围人的外在特征、行为特征和行为的先后顺序，等等。观察实际上是一个经验积累的过程。

有两种场所很适合去做观察训练，一是家居卖场，比如宜家，在那里你可以看到什么样的人，被什么样的产品吸引，进而会有怎样的行为去体验相关产品是否符合自己的要求，我经常给学生的一个训练课题就是：去宜家观察人们在每一样板间的第一反应。同时，那里很适合你静静地躲在一边做自然观察；另一个是餐馆，从人们进到餐馆中的落座顺序，到点菜、吃相和结账都有很多值得观察的点，从中能看出吃饭的这些人之间的各种有趣关系和性格。

4. 访谈

访谈主要是为了了解用户行为背后的动机和态度！

访谈一般建议安排在观察之后，这样访谈的内容就更有针对性。如果是直接访谈需要访谈者先介绍访谈目的和大概背景。访谈跟观察一样也是要先有一个大概的访谈计划，即便是临时发生的访谈，也要很清楚自己要从访谈中获得什么。

访谈主要是围绕下面四个方面展开。

1）态度：主要是用户对产品和事件的态度倾向，正向、负向还是中性。这里可以结合 5 分制量表（即从 1～5 为其态度打分）来探查用户态度的倾向程度。

2）动机：用户行为和态度背后的真实动机是什么。

一个常用的工具是"5why"——就是对用户给出的解释进行连续的追问，以最终挖出用户的真实动机。这样做并不是因为用户在有意地隐藏动机，而是很多时候用户自己也未必清楚自己这样做的原因。

比如，有个女孩最近开始积极的运动健身。

问：为什么开始运动健身了？

答：希望自己更健康。

问：感觉自己怎么不健康了？

答：我看起来有些胖。

问：胖让你有什么不好的感觉？

答：让别人感觉我很懒、没有活力。

问：为什么要让自己更有活力？

答：有活力会显得更有魅力。

问：为什么要更有魅力？

答：因为我喜欢上了一个男孩子，但在他面前我有些没有自信。

那么到这里真正的原因已经找到了——建立魅力和自信，而要实现这两样不只是运动健身，还可以从穿着上，从兴趣爱好上来展现和塑造自己的魅力和信心。

3）设想：设想是帮助用户转换一下视角再来看问题，这样一方面可以验证用户之前所说的态度或动机肯定程度，另一方面也可以帮助挖掘用户的潜在需求。

设想提问的语句是"如果……，你觉得会怎样？（能接受吗？有更好的建议？……）"

比如，

如果不能……，你会有怎样的感觉？

如果不能……，你会有什么可替代的选择吗？

如果给你一个新的……，你觉得怎么样？

如果让你提出新的……，它会是什么样呢？

这些提问方式还可以有很多种，主要是结合你访谈的目的来提出。

4）细节：细节对设计师是很重要的内容。可以使用"能否再说得具体点？""能否举个例子来说一下？"这样的提问方式来鼓励受访者把尽可能多的细节告诉你。

第二章

本质场景意识

一　游戏：画"鬼"

1. 请你在 10 分钟之内画出一个"鬼"，跟着自己的第一感觉，不要有顾虑，想到什么就画什么；

2. 再找你周围熟悉的人也在 10 分钟之内画一个"鬼"；

3. 看看你们画的这些"鬼"有什么共同之处？

4. 看看每一个"鬼"用了哪些元素去表现"鬼"？

5. 最后请大家介绍一下各自画中"鬼"的元素出处。

二　游戏洞察

这个"画鬼"的游戏很有意思的一点是：不用看你们画的"鬼"，我基本能猜出你们画的"鬼"的形象——很像人！为什么呢？

1. 人鬼情未了——固有概念对思维的限制

图 2-1 所示为不同年龄段的小朋友画的"鬼"。

首先我们看到 10 岁以上小朋友画的鬼，跟你们刚刚画的差不多吧？基本都能看到"人"的影子。

图 2-1　10 岁以上小朋友画的"鬼"

图 2-2 所示为 6～8 岁小朋友画的"鬼"，看到的不再是"人"的影子，而是各种小动物的形象。为什么呢？因为 6～8 岁小朋友在各种故事中听到的、看到的更多的是各种动植物，只是这些动植物不太"正常"而已。

图 2-2　6～8 岁小朋友画的"鬼"

　　图 2-3 所示为 3～4 岁小朋友画的"鬼",是乱糟糟的一堆东西,看不清具体是什么,但确实有些"诡异"。

图 2-3　3～4 岁小朋友画的"鬼"

　　看完这些不同年龄小朋友画的"鬼"的形象,你会发现,其实他们都是在用生活中能接触到的各种事物的"概念"去表达鬼这一形象,包括人和动物的概念。再看看你自己画的鬼的形象,我相信你可以很清楚地知道你所创造的鬼的形象的概念来源。

　　"鬼"是一个在现实生活中并不存在的事物,但在我们的意识中、想象中又往往是鲜活存在的。人们怕"鬼"、不敢去正视它,却又忍不住去想它。所以,当这个实验要求人们去画出一个现实中不存在的、又不愿意面对的事物时，人们只能把自己的生活中的各种事物加以适当地"异化"，形成了鬼的"原型"。而这些"原型"实际上就是你所经历的生活在你头脑中形成的各种与鬼相关的"固有概念"。

用"固有概念"去沟通和交流是人类所特有的一种能力，它能帮助我们快速传递信息、进行沟通和交流，典型的例子是当你提到一个人时不用费力地把他所有外貌特征描述清楚，只要说出他的名字，对方就知道你说的是谁了。所以利用"概念"进行沟通表达给我们的生活带来了很大的便利性，但我们也不得不意识到，这些固有概念对我们创造性思维是一种限制。

下面两张照片（图2-4）是布兰妮·斯皮尔斯，可能你会发现，其中一张被修改了，但你的情绪应该没有太大的变化。现在请你把书颠倒翻转过来再看一下，是不是被其中的一张照片吓到了？为什么我们在第一次看的时候没有这种感觉呢？因为，照片虽然是倒着放的，但嘴和眼睛的位置却是照片正立时的位置，这很符合我们正常看人的"固有"样子，于是人头脑中所识别到的正确的眼睛和嘴的"概念"代替了眼睛对事物的"观察"，形成了对不合理的事物"视而不见"，我们的视觉被头脑中固有的概念替代了，思维无形中也被限制了。

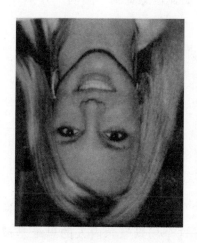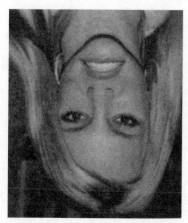

图 2-4　布兰妮"诡异"照（摘自《津巴多普通心理学》）

我们回过来再看看 3～4 岁小朋友画的"鬼"，从中我们找不到确切的形象来源，但却让我们在乱糟糟的形象中，看到了一点"鬼的新意"。所以我们经常说小孩子是最有创造力的，等到长大了这种创造力往往就会被各种固有观念抹杀掉。作为设计师要经常有意识地突破固有概念的限制，在这里我们建议在分析与描述问题时要尽量还原问题的"本质"——少用名词，多用动词、形容词等文字描述出问题存在的（设计）场景，这有助于我们发现问题的本质。

现在我们试着从"黑暗的、混乱的、有压迫感的……"这样一些形容词角度去思考一些形象概念，再试着把这些概念加入到你所画的鬼中，看看能否让你的鬼更吓人？或者画出一个可爱鬼！

2. 本质场景意识有助于思维发散

举个常见的思维测试题"5 分钟内说说砖头的各种用途"。

如果你脑子中的思维模式是："砖头"的用途，不停地从砖头的角度在想，你所能想到的无非是盖房子、砸人等一些常规想法。但如果你开始用动词、形容词等文字去描述砖头时，你会明显地感觉到"脑洞"开了。

一次在课上一位同学说："砖头可以用来补铁！"。

听到这样的大跨度的答案立马引起了我的兴趣"为什么呢?"

"因为砖头是红色的，红色是因为里面有氧化铁，于是砖头可以用来补铁。"

哈，理工科学生的化学基础还是挺牢固的！

实际上"砖头"这个名词就是给人在潜意识中设定了一个场景概念，与各种脑筋急转弯挖"坑"是一样的，在这个场景概念内人的思维是被限定了的。但是当你抛开砖头这个名词，转而用动词、形容词等文字去描述时，原有的砖头场景被突破了，思维也就自然活跃、发散起来了。

3. "原型启发"是创新设计的契机

在承认名词性概念对人的思维的限制的同时，我们也要意识到"人"或者"动物"这些概念原型对于"鬼"的形态塑造还是有启发意义的。比如，《午夜凶铃》中的贞子和以施瓦辛格为原型所塑造的 T-800 机器魔鬼都成功地塑造出骇人的经典"鬼"形象。关键是找对正确的"概念原型"，并用动词、形容词去重新塑造概念原型。

T-800 是美国好莱坞特效大师斯坦·温斯顿（Stan Winston）所创造（他也是经典"鬼"形象"异形"的创造者），尽管当时导演卡梅伦的手稿十分详尽，却只是提供了概念，远没有达到可以拿来制造模型的程度。为力求逼真，卡梅伦跟温斯顿一起跑到一家废弃汽车收购站拍了许多汽车零部件的照片回来作参考资料（图 2-5），这些机器零件便是机器魔鬼 T-800 的"设计原型"，并组成了经典的机器魔鬼终结者 T-800（图 2-6）。

图 2-5　T-800 参考的汽车零部件（摘自网络上《〈终结者〉绝密档案》）

图 2-6　T-800 的最终形象

　　设计师在设计过程中可以有意地寻找其他概念来帮助刺激他们的灵感，只是注意那些概念不要用名词，而是要用动词、形容词去描述，或者用图片来将概念视觉化，具体可以参见第六章"设计图板"部分的相关内容。

三 本质场景意识

"本质场景意识"是要设计师突破原有概念的限制，将事物放在一定场景之下，去思考"问题的本质"，而不是仅仅听从于"用户需求"的表面陈述。

1. 本质是动态的，是因时、因地、因场景而变的

这听起来有些自相矛盾，既然是本质就应该稳定、不变才对，怎么还会变来变去？其实这点很好理解，就如同一个人在不同的场景下会表现出不同的侧面一样，他在公司作为项目主管可能很严厉，但在家里又很可能是一个慈爱的父亲，我们不能说这个人很变态或者精神分裂，在两种场景下他都表现出自己应有的行为，都是他这个人的"本色"表现。所以，任何事物的本质也是因时、因境、因人而变的。

再拿手机来说，按照字面概念来理解"手机本质上来讲是电话、是沟通的工具"，但我们将其放在另外一个场景下：比如对于一个经常用3个小时坐地铁上下班的人来说，手机的本质意义更多的是"陪伴"，陪伴他听听音乐、看看小说或者追些美剧。此时设计师的工作就要去看怎样在地铁那样的一个非常拥挤的场景下帮助用户更好地切换一首歌、前后翻翻书页或者快进和后退视频，以及排除地铁内的报站声音对音乐和视频内容的干扰，这些问题如果不带入到具体场景中是很难有本质的发现的，也无法带来良好的用户体验。

2. 设计师要在"本质"上寻找新意

从事物的本质角度去进行创新设计，是有利于设计师寻找到创新突破口的。比如你进行椅子的创新设计，如果你只是从"椅子"这个词汇的概念去想，你可能认为椅子腿、椅面、靠背和扶手是构成一把椅子的必要元素，但

事实上椅子是与"坐"这个动作息息相关的：在什么样的场景下？以怎样的姿势坐着？为什么坐着？当你以这样描述性的语言来定义椅子问题的本质时，你就会跳出"椅子"原来固有概念的限制，得到更有创意的 idea（想法）。下面我们来看看挪威设计师 Peter Opsvik 对椅子的本质所进行的思考。

关于椅子的本质，挪威设计师 Peter Opsvik 认为：

- 人的身体并不是被设计出来保持长时间静止的，当然也不是保持长久坐姿的。"坐"这个题目值得我重新思考。有两种可能的解决办法：缩短坐的时间或在坐时变换姿势。第一种方法是最好的，但对于我们职业的设计师来说，第二种方法是我们能够做出贡献的，我们可以设计出椅子或坐的工具来模仿运动，制造出多样的运动姿势。

- 如何进行设计呢？人类的身体是柔软而动态的，而我们所生活的建筑却是坚硬而静态的。这种软与硬的关系如何调整？我们所穿的衣服是柔软而合体的，所以我建议，我们的椅子既不能像衣服那样的柔软而灵活，又不能像建筑物那样坚硬而不灵活，应该介于两者之间。椅子应当为人体的多个部位提供恰如其分的支持，并考虑到人体存在着内在的振动。人们喜欢节奏、振动与间隔。人们的运动与休息的交错就是内在节奏的一个好例子。

图 2-7 所示的这些椅子的设计极大地突破了我们对于椅子的原有认知，人可以在椅子中动来动去，而不是被固定在椅子中。设计师的工作也不再是简单地、重复地去变化椅面、椅背和扶手的造型。从本质的角度去思考问题的根本，是"设计"真正价值的体现。

图 2-7　挪威设计师 Peter Opsvik 设计的"椅子"（摘自《艺术与设计》创刊号）

四 本质场景意识的思考方法

本质场景意识的核心就是挖掘用户在一定场景下的真实想法。

为什么是在场景之下的真实想法呢？因为很多时候人如果不进入问题场景，一些问题便很难进入到意识层面的，典型的例子就是："为什么发现没带钥匙总是在开门的时候？"，因为进入了开门的场景。

1. 5W2H 法

5W2H 法由美国陆军首创。在军队里对于任何需要上报或追究的事情，都要从何时（When）、何地（Where）、何人（Who）、何事（What）、何故（Why）、如何（How to）、几何（How much）7 个方面去汇报、了解和分析，于是总结出该提问方法。5W2H 法可以快速地描绘出问题的发生场景以及场景中的人的各种行为，它可以被广泛地应用在各个设计阶段。比如，在设计初期的竞品分析中，我们可以用这一方法仔细研究竞争对手某款产品的设计；当我们想要去定义某一款产品时也可以用 5W2H 来定义产品的各个方面。实际上 5W2H 是贯穿于整个设计各个环节中的一种方法。

此外，针对不同的问题"7 个提问"不是同等重要！有些问题人（Who）是核心，有时人为什么这样做（Why）和怎样做的（How to）更重要些。所以要结合问题的场景和不同设计阶段找到 7 个问题中的"重点"。

2. 场景中的行为、目的分析

我们也可以从另一个角度来看 5W2H 的 7 个方面，如图 2-8 所示。

图 2-8　场景行为目的分析框架

　　时间（When）和地点（Where）可以勾画出问题的时空场景，人（Who）是这一时空中的各种角色，人在这一时空下又会有什么行为（What）和怎样的行为（How to，How much），以及行为的目的（Why）。这里从人在某一情景下的行为和目的去描述了问题场景，其观察角度与 5W2H 稍有不同，但具体内容差不多。对目的和行为的关注也是设计师在对用户进行研究和测试时的必修课。

　　还有一些其他的相关方法，可以参见第十一章"场景挖掘"部分的相关内容。

第三章

交 互 动 力 意 识

一 游戏：一人一笔画

　　绘画现在往往被认为是一种特殊技能，需要多年艰苦的训练才能获得，但事实上无论是咿呀学步的小朋友还是上万年前的原始人先祖都是提笔就画的"高手"，这可以说是人类的一种本能，只是现在人们把这种本能演变成了一种复杂技能，这反倒使现代人望而却步了。当然了，要想画到惟妙惟肖的传神地步确实需要一定时间的训练，但如果只是想要画出一些有趣、好玩的并有一定创意的"作品"来，我们每个人还是很有机会的。下面一起来尝试一下吧。

　　1. 现在就找几个你身边的人，分为 2 人一组，在不许任何的眼神交流和语言沟通情况下，在 10 分钟内一人一笔去共同创作一幅画，让我们来期待看看 10 分钟内能得到什么有趣的结果吧。

　　2. 接下来给每组中的一个人看要画完的图片（图 3-1），另外一个人只能通过第一人画的每一笔去猜测要画什么，两个人仍然不能有任何的眼神交流或语言沟通，看每个组要用多长时间才能完成。（注意最终两个人画的笔画数量应该是差不多的，不能一个人完成大部分的笔画。）

图 3-1　一人一笔画

二 | 游戏洞察

这个游戏实际上是在模拟"人-机交互"的过程，只不过扮演机器的是人而已。为了完成这个游戏，每个人都在尝试把自己想要画的东西通过自己那一笔传递给对方，对方再根据纸面上新增的笔画去琢磨对方的意图，并画出自己的下一笔画。这一过程有很多值得我们思考的地方。

1. 交互设计是信息在显示器与控制器之间的流动

在工程心理学中，人们根据人的认知模型来研究人机互动过程中的各种心理要素，并认为存在一个人与机相互作用的"面"，所有的人机信息交流都发生在这个面上，这被称为人机界面。其中人机界面的主要媒介就是"显示器"和"控制器"，它们是工程心理学中的专业术语，不是我们桌子上的电脑显示器。向人表达机器运转状况的仪表或器件称之为显示器，比如，常见的显示屏、指示灯都是显示器，而苹果的呼吸灯、哈雷摩托特有的声音是更有自己特征的显示器；控制器是人将控制信息传递给机器的装置，最常见的就是鼠标、键盘一类的控制器，像 Xbox 的 kinect 是基于人体姿态识别的控制器。人通过控制器对机器实行操纵，显示器显示机器完成任务的结果，人会据此做出进一步的控制，如此循环往复，最终完成预定的目标工作。

仔细回想前面的游戏，其实每个人画的那一笔既是控制器又是显示器，站在自己的角度上通过那一笔发出了控制指令，对方看到的那一笔则是显示器，它显示了队友的画画意图，并据此来画出自己的下一笔画。最终图画的完成便是绘画的意图在一人一笔画中流动的结果。所以在交互设计中设计的对象便是设计各种各样的显示器与控制器，以及信息在显示器与控制器之间的流动方式。

2. 信息如何传递与信息的架构和信息的呈现方式有关

图 3-1 中的第二个游戏是需要一定的游戏策略来帮助完成的。第一个耐克（Nike）的标志（logo）几乎所有组都很快画出来了，因为只要第一个人画出 Nike 对钩的一条弧线，那么这个 logo 的主要信息便被传递出去了，队友很容易补上下一笔。

第二个"囧"字也很有意思（图 3-2），它需要你对这个字的笔画架构做仔细的分析，第一笔写哪一笔画很重要，如果你按照写字时的笔画顺序去写十有八九会把自己的队友带偏了，但是你如果尝试按照下图的顺序写往往会顺利很多。首先第一笔的"撇"之后队友很可能下意识地写"捺"，因为"一撇一捺"对于中国人太熟悉了；接下来你写了第三笔的"一竖"，你的伙伴就很可能会意识到这是一个对称的图形。一旦意识到了"对称"，后面的工作就很顺利了。

这两个例子便是信息层级和信息架构概念，任何一组信息都是有重要程度和先后顺序区分的，根据信息的内在意义和关系来设计最合理的信息显示架构是交互设计中的首要任务，同时信息的架构也应该是最能体现产品特征的。

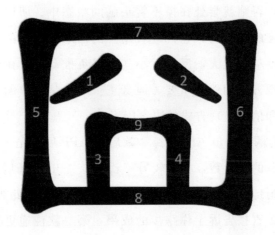

图 3-2 "囧"的笔顺

第三个彪马（Puma）的 logo 更具有挑战性，要想判断先画哪一笔能够尽早地让队友明白要画什么可是不容易。在一次课堂上，一位画画功底不错的同学上来很快把 logo 中美洲豹的后背延伸到尾巴的跃动曲线画出来了，其他围观的同学几乎都认为他这组将会最快完成，但是队友完全没能领会，反倒是按照对称的方式画了下一笔。事后我们让他看了原图再问他为什么没看出来这么明显的特征，他说对于他来说 Puma 的 logo 中最有特征的部分是前爪那的线条。这个例子刚好说明了信息架构不仅要有层级，还需要与用户头脑中的想法一致，这样用户才能理解。这便是交互设计中很重要的一条原则——"与用户头脑中的模型相一致"原则。

一个更有趣的例子是中国人都知道中国地图像一只大公鸡，但鸡头在哪不同的人想的可是差很多。大家可以去搜索天涯社区的一个帖子《是不是只有我把中国地图看成了这样》。

所以当你问一个人"明白了？"，他说"明白了！"，你可要小心，他心里明白的可能和你想的正相反。

3. 交互是需要有推动力的

在这几个游戏中可以发现，一旦双方明白了要画什么，后面的进程就会流畅和顺利很多，否则就会处在摸不着头脑的状态中。所以"明白与否"便是两个人信息交互的推动力，它代表着用户的需求、用户的愿望，明白了用户的需求和愿望推动力就大，反之就小甚至是负推动力。在交互设计中信息架构和信息的呈现方式固然很重要，但真正重要的是用户的需求和愿景，它们才是信息架构和信息呈现方式的决定因素。

图 3-3 所示为两款跑步 APP，第一款启动 APP 后最先让你看到的信息就是你目前已完成总的公里数，相比较另一款跑步 APP 打开后是一幅地图，你觉得哪一个更清晰地表达了你的需求和愿望？会让你更有跑步的动力？

很明显第一款直接告诉了你跑步的成果，第二款传递更多的信息是地图信息，这与跑步有关但不是最重要的信息，尤其是看到第一款中的 97.48 公里，有没有让你特别想冲向第一个 100 公里的怀抱？

图 3-3　跑步 APP 首页对比

　　此外，推动力有横向和纵向之分。横向推动力是指在完成某一任务过程中的推动力，就如同上图的第一款 APP 一样，开始用总公里数来推动用户去跑步，当开始跑起来以后它会不停地用语音来告诉你跑了多远、你的跑速是多少。这样一个一个推动力延续下去是有助于人完成当天的跑步计划的。

　　纵向推动力则是指用户在产品的不同使用阶段随着需求与愿望的变化，产品需要进行更新的推动力，即跟上用户成长的脚步。一般产品我们会分为：导入期、熟悉期、认同期。在不同的时期应该根据用户需求和愿望变化设计不同的推动力。在导入期把用户吸引过来的动力往往是产品的"颜值"和易学性；在熟悉期，如何提高产品对用户使用效率的提升是设计师要考虑的重点，典型的例子就是很多软件都有快捷键的设计，当用户对软件使用越来越熟练时，他不再想去下拉菜单里面找各种命令，他会直接在键盘上输入快捷键；在认同期，用户使用产品的模式被固化下来，要想更换其他产品会感到极不适应，并形成一定的情感依赖。典型的例子是前些年很多人一到公司打开电脑以后首先把 QQ 打开，挂在桌面上。这一行为并不意味着马上要与谁聊天，而是时刻准备着与朋友聊天，仔细想想这种行为被固化下来是少不了前面"导入期"和"熟悉期"的积淀；同样升级 QQ 的太阳、月亮、星星的等级，没有实际的功能意义，但却代表了用户与产品之间的关系深度、关系认同。

三 交互动力意识

1. 产品之变

仔细看看图 3-4 所示的几款手表，从中你能感受到怎样的信息？

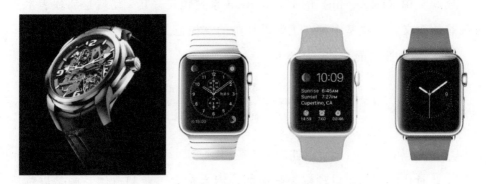

图 3-4 "手表"的演变

　　第一款是目前世界上最复杂、最多功能的全手工机械表宝珀（Blancpain）的 L-evolution 系列卡罗素陀飞轮腕表。从表盘镂空的陀飞轮中我们能看到精密机械的静态观赏美学；后面三款是当前最具创造力的科技公司之一苹果于 2014 年 9 月推出的苹果手表（AppleWatch），其名字虽然还是"手表"，但从其官方发布的两个视频来看，它早已超脱于手表的定义，更多的是一种新的移动终端。前者是典型的工业时代的产品，后者则是后工业社会或者称之为信息社会的产物，两者在产品属性和设计要素上都出现了非常大的变化。

　　1）设计对象：物品 or 信息（图 3-5）

　　在工业时代生产与消费的载体是物品，而在信息社会信息成为生产和消费的主体。设计师所面临的设计对象从单一物品变为"物品＋信息"，其中信息是动态变化与成长的，物品则相对稳定，并出现平台化倾向。典型的例子是上面的 AppleWatch，这款手表真正的核心不是表的实体，而是其中所承载运行的各种 APP，未来 AppleWatch 能否大行其道，关键还是看在这款手表中所流动的信息量有多少？信息是否活跃？这往往已脱离 AppleWatch 设计师所能控制的范围了。

图 3-5　设计对象之变

反观宝珀（Blancpain）的 L-evolution 系列腕表，其一切就是那款表本身及品牌的含义，这些基本都在工业设计师的掌控范围之内。

2）产品属性：静与动（图 3-6）

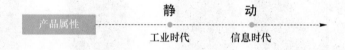

图 3-6　产品属性之变

工业时代的产品可以理解为静态的，因为在大工业制造体系中是以物质资源的形态转移所带来的附加价值为成本基础的，资源形态一旦被固化便很难再改变，这是工业化生态圈所决定的。所以在最终方案定型之前，设计师需要反复对产品进行推敲，以求至臻完美，这时设计师所信奉的设计哲学是具有完美主义倾向的"静态观赏美学"。

信息时代的产品则不一样，其成本基础变得非物质化——信息的消费与生产，用户不再只是消费的角色，信息的生产也是用户行为的一部分，此时的产品便不再是静态的一锤子买卖了，产品要帮助用户消费信息的同时还要去帮助用户生产信息，其是伴随用户动态成长的。设计师也不再追求产品设计方案的完美，而是追求产品此时此刻带给用户的动态体验，并跟随用户的体验和反馈去不停地升级产品功能和提升用户体验。此时设计师所信奉的设计哲学是具有成长性的"动态体验美学"。

这里我们用"动"和"静"来区分出工业时代与信息时代产品设计属性

的差异。

3）设计要素之变（图 3-7）

图 3-7　设计要素之变

在工业时代，设计师的两大任务就是产品的功能设计和美感设计。功能设计是指综合用户、市场和企业的需求来设计产品应该具有哪些功能及这些功能应该怎样被实现；美感设计则是运用美学来提升产品的品质感。

到了信息时代设计不仅仅要完成功能设计和美感设计，还出现了一个新的设计要素"交互设计"。交互设计成为一个设计要素主要还是因为前面所提到的产品信息化趋势使得产品中的信息量呈指数级的大幅上升，这让无论是信息记忆能力还是信息处理能力都有限的人类无法跟上产品快速发展的脚步，必须对产品呈现给人的大量信息进行整体规划与再设计，以使之能够与人顺畅地沟通和交流，这便是"交互设计"成为一个设计师不得不要去设计的一个要素。以往工业时代的产品也有"人机交互"，只是那时的信息处理量比较少且简单，不必耗费设计师过多的精力，但今天已然不是那样的时代，信息需要按照人机交互的各种原则去设计架构和呈现方式，使得信息在人机界面中的显示器与控制器中更为合理、有效地流动。

而功能设计、美感设计和交互设计三者相互渗透构成了用户对产品的整体体验。体验设计实际上是从一个更加动态的视角去看信息时代的产品设计，因为体验是一个动态过程，不是简单的产品。这也符合我们前面所分析的产品的"动"态属性。

2. 交互动力意识

由于信息时代的产品更多的是在与人进行频繁互动，在设计产品的交互时，不仅要设计出合理的信息架构和信息呈现方式，更要仔细推敲设计人-机间互动的"推动力"和推动力的节奏。

图 3-8 所示为某音乐 APP 的两个界面，第一个是打开 APP 的首页，在这里你首先看到的应该是这款 APP 主推的"场景电台"的导航，并且你的行为很可能是不在首页驻留太长时间，便直接进入到你想选择的某一场景电台；反之第二个界面是音乐播放界面，在这里呈现的是静静聆听音乐的场景，你可以做的只是切换歌词和欣赏专辑，别无其他。实际上这里所看到的是界面背后设计师在控制你何时走、何时留的节奏。注意到这种推动力的节奏是我们在研究其他产品交互设计的一个重要的细节设计。

图 3-8 推动力的节奏

3. 交互设计三要素

根据上面的分析我们总结交互设计有以下三个要素：

1）信息架构：根据信息的重要程度和先后顺序来设计信息的层级和结构；

2）信息呈现方式：根据人的认知模式来设计信息该用怎样的表象去呈现；

3）推动力：是设计信息在信息层级和结构之间流动的动力，背后反映着用户的各种诉求。扁平化设计理念与游戏的设计思维是交互动力的两个极端：前者设计的推动力是让尽可能多的底层信息浮到顶层来，使得信息层级减少、被压扁；而在游戏中则是让你经历一些事情或情景之后才能得到想要的东西，从而激发你继续探索的动力。

"信息架构"和"信息呈现方式"是"推动力"的结果呈现。

第四章

设计建构意识

游戏：咖啡厅再造

选取你熟悉的一家咖啡厅，假想你是这家店的老板，并思考你会怎样改造这家店以提升其服务质量呢？

1. 首先，观察一下这家咖啡厅，看看你能发现有哪些服务还不到位？进而想到怎样的"再造机会点"？

2. 用一些动词和形容词把你发现的问题描述出来。

3. 从下面的四个词中选取一个，并用各种图片搜索工具来进行搜索，从中挑选一些你喜欢的图片，用动词、形容词把它们描述出来。

- 墓地
- 体育馆
- 现代四合院
- 博物馆

4. 将第2步中的词与第3步中的新词混在一起，添加一个或几个主语，讲一个在新咖啡厅里发生的故事，并为故事配 2～3 张合适的图片来表现故事的氛围。

5. 根据新的故事再造你的咖啡厅。

二 游戏洞察

这个游戏实际上是先后对比了两种设计思路，即渐进式创新和颠覆性创新。

2015年有一本书比较火——《从0到1：开启商业与未来的秘密》，书的作者彼得·蒂尔认为："创新不是从1到N，而是从0到1。"也就是说创新是要创造没有的东西，从0到1，这是没有到有的质变；从1到N是把已有的东西从1个做到很多，是一个量变的过程。对于设计师来说从1到N其实是"渐进式创新"，也有的书称之为"微创新"，而从0到1是"颠覆式创新"。前者往往是以用户为中心的创新，后者是以设计为驱动的创新。

1. 从用户的角度进行渐进式创新

游戏最开始通过观察来发现咖啡厅"再造机会点"。实际上是将设计师的视角绑定在用户的视角，通过用户的视角去亲身体验咖啡厅现在的经营来发现问题，并提出相应的改进意见。"用户"的视角就是设计师常用的"同理心（Empathy）"的方式来真正了解和体验用户的真实需求，这对于现有产品的改进是很有帮助的，因为设计师的专业技能能够发现常人忽略的产品使用细节。

很多产品一旦定型以后，其后续一代一代产品的发展便是渐进式创新的结果，就如同iPhone被创造出来以后，一直到今天都没有出现大的变化，即便Home键中增加了指纹识别，也还是只有一个Home键。

从用户的视角审视问题的确可以把问题理解得更深入，但同时也不可避免地会在当前的问题场景中陷入更深，就像大多数同学在这一阶段提的方案大都是关于改变室内设计风格、改变室内布局以及调整服务流程方面的常见思路。这是不利于思维发散的，也不利于产品设计产生重大新的变革。于是我们在游戏中引入了接下来的第二个环节。

2. 颠覆式创新需要引入新的视角

接下来强制引入新的视角，看看这时有什么新的发现。

游戏中我们强制增加其他概念："墓地、体育馆、现代四合院、博物馆"。

这几个概念都有其自身的特定含义，将这些含义转换成一些描述性的动词和形容词以后，再把原来咖啡厅的动词和形容词混在一起，我们就可以添加主语来编写故事了。

在课上一个组挑选了"博物馆"这个词，起初他们搜到的图片就是一般的博物馆，艺术品被陈列在明亮的展厅内，观众可以静静地欣赏。但是，突然一个组员搜到了丹麦籍的艺术家奥拉维尔·埃利亚松（Olafur Eliasson）特别为英国伦敦泰特现代美术馆（Tate Modern）量身定做的装置艺术——天气计划（图 4-1）。

图 4-1　天气计划

　　埃利亚松本来就善于利用天气为创作资源，又发现天气是伦敦文化那么重要的一部分，于是就决定用两百多盏路灯灯泡来做一颗大型的人造太阳。太阳的表面是一块特制的塑料板，将所有的光融合成为一体，悬挂在高达35米的涡轮机大厅中，照亮整个展场。展场中的所有东西都在这颗人造太阳的光辉下被映照成橘黄色，带着微微的黑色阴影。

　　空中迷漫着的白雾，看似是从门口的泰晤士运河慢慢地飘进来的，其实是从墙边的柱子下面的干冰机中缓缓喷出的。空中漂浮的雾渐行成云，驻留良久才渐渐消失。我当时已经完全忘了自己还在美术馆内，因为整个气氛就

像在高山上看夕阳一样。埃利亚松说那些雾气所形成的云和天气一样独特，一样变化莫测，不可预料，那就是天气有趣的地方。

　　（摘自 http://www.ionly.com.cn/nbo/news/info3/20040117/222956.html）

　　看了这样的介绍，同学们突然觉得要是能把这样的装置移到咖啡厅中制造出那种灯光氛围应该很符合咖啡厅慵懒、休闲、放松的气氛。于是他们的思路就是开始想尝试制作出各种气氛的咖啡厅的灯具，甚至想直接复制一个埃利亚松在泰特美术馆的"落日"。

　　其中一位同学对埃利亚松产生了浓厚的兴趣，他继续搜索了埃利亚松的其他作品，很快埃利亚松的最新作品《你的彩虹全景：重新发现城市之美》给了他们更多的灵感（图4-2）。

　　《你的彩虹全景：重新发现城市之美》位于丹麦奥尔胡斯市美术馆屋顶，是由全色系光谱组成的一条环形空中走廊。艺术家介绍，这项装置作品耗资将近7400万元人民币，是想为人们打开另一个观看世界的神奇视角。彩虹全景的创作灵感来自但丁的《神曲》，他试图创造一条人间和天堂的通道。这座宽敞的圆形通道由玻璃制成，直径52米，150米长、3米宽、3.5米高，覆盖美术馆屋顶。环形玻璃层之间插入彩色摺纸，反射出彩虹的所有色彩。远

远望去，这座永久性公共艺术作品如彩虹一样悬在城市与天空之间。当观者循环漫步其中，可以在彩虹的奇妙色彩中，全景视角尽览这个海港城市的美景。

（摘自 http：//www. haokoo. com/wmit/9302926. html）

图 4-2　你的彩虹全景：重新发现城市之美

看着上面的图片，"彩虹天际咖啡"是第一个跳入他们脑子中的概念，那会是一个多么神奇的观看世界的视角，在那里人的思绪会很自然地飘向远方、飘向天际……很适合深入地思考一些问题，在视野那么棒的一个地方开一间咖啡屋一定会火起来的，但是一看到那 7 400 万元人民币的造价……

既然大家那么喜欢视野好的地方，怎样才能把好的风景带到咖啡厅呢？不是所有的咖啡馆窗外都有风景的，贴张风景画显然是很老旧的做法，于是同学们接着大开脑洞：在咖啡厅每个座位旁边可以放一个世界各地的直播屏幕（screen），每个人可以选择自己要看的风景（图 4-3）……

图 4-3　咖啡厅里的世界之窗

就这样在一系列的其他事物概念的刺激下，从传统咖啡厅到博物馆、气象咖啡屋、彩虹咖啡屋、最终发展到世界窗口的咖啡屋，整个咖啡屋的意义改变了，不再是简单的改变装饰风格、改变室内布局那样传统的设计思路，咖啡厅成为一个转换世界的窗口，甚至有点"虚拟现实"的味道了。

颠覆式创新不能只是从用户的视角来发现问题，其需要引入新的"刺激物"来拓展设计师的视野，进而找到颠覆式创新的突破口。

三 设计建构意识

1. 设计，是赋予产品不同场景下独特的存在意义

如同前面游戏中引入"博物馆"的概念来再造咖啡厅一样，设计不能单纯被动地满足用户的需求，而是要主动去构建产品在不同场景下独特的存在意义。这些意义能够向消费者传达一种新的理念、新的愿景，以塑造产品的独特性，最终引领用户对于新的产品存在意义的再次认同。

为什么这样说呢？

有一种观点在今天非常流行，即根据用户的需求去进行设计，并提出了一个高大上的名词"以用户为中心的设计"。这种观点我们在前面讨论过，基本是不赞同的，因为如果根据用户的需求进行设计，设计师将处于非常被动的地位——用户对需求的了解更为透彻、更为及时，凭什么一个只有二手信息的设计师会设计得比用户更好呢？

既然不赞同根据用户需求进行设计，那么设计师要怎样展开自己的设计工作呢？

"艺术来源于生活，又要高于生活"。

同样的，设计也是要在用户需求的基础上，从更高一层的视角（用户愿景）去主动构建产品独特的存在意义。因为需求往往只是问题的表面症状，只有跳出当前场景，用新的视角来审视问题才能找到问题的根源，才会有机会为用户描绘出更好的愿景，这时的设计师才真正掌握了设计的主动性，否则就只能被用户或者客户牵着鼻子走。

以设计为驱动（而不是以用户需求为驱动）的产品创新开发也才真正得

以实现。

在建筑领域里往往会强调建筑的"诗意表达",其是指设计师在设计时追寻抽象于建筑结构秩序之外的一种秩序方式以及这种秩序所体现出的美学价值意义。可以说"诗意的表达"是建筑师在设计建筑结构之上的追求。与我们这里所说的"赋予产品独特的存在意义"一样,是追求产品在用户需求之上的一种"存在意义"。

2."意义"的解构与建构

注意这里的解构与建构后面没有"主义"两个字,不要误以为是建筑领域中的相关词条,这里只是用这两个词来解释设计过程中"意义"的再造过程。

在前面的"咖啡厅再造"游戏中,学生先用动词和形容词描述出了现有咖啡厅的"存在意义"——放松、悠闲的"慢生活"空间,并通过拍一些细节照片来视觉上确认哪些具体的设计要素传达出了这样的"存在意义",这实际上是对原有的咖啡厅意义的解构——解释清楚怎样的设计要素就可以实现当时的存在意义。

接下来通过其他新概念——博物馆:开阔的视野、另一时空的代入感等理念来将原有的存在意义带入到"视野更为舒展、更加具有时空延展性的'世界窗口'空间"。慢慢地,原有咖啡厅的意义产生了变化,不再是单纯的放松、休闲空间,开始与现今越来越多的"创业咖啡"有些像了(在那里创业的小伙伴们畅想着自己的无限未来),新咖啡厅的存在意义就这样一点点地建构出来。在这一过程中原有咖啡厅的设计要素被新引入的概念影响,当设计要素改变,要素间的关系也随之而变,新的意义也随之诞生,这便是"意义"的建构过程(图4-4)。

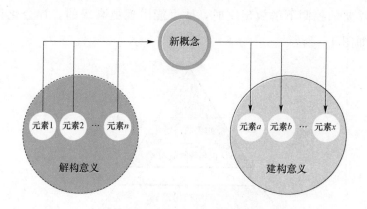

图 4-4　意义的解构与建构

3. 意义的维度

既然设计师是以构建"存在意义"的角度去重新搭建人与产品之间的关系，那么设计师可以从哪些维度去构建产品的意义呢？这里提供两个模板以做参考，也可以拿这些模板对现有的产品进行设计分析，但不要被这些模板限制死，设计师应该找到自己的意义维度体系。

此外，需要注意的是构建"存在意义"重点打造人与产品之间的某种意义关系，其与产品的发展阶段密切相关，而不是大而全地打造模板中所有的意义。

1）马斯洛的需求层次理论

马斯洛需求层次理论是行为科学的理论之一，由美国心理学家亚伯拉罕·马斯洛于 1943 年在《人类激励理论》论文中所提出。马斯洛理论把需求分成生理需求（Physiological needs）、安全需求（Safety needs）、爱和归属感（Love and belonging）、尊重（Esteem）和自我实现（Self-actualization）五类，依次由较低层次到较高层次排列。1954 年，马斯洛在《激励与个性》一书中探讨了他早期著作中提及的另外两种需要：求知需要和审美需要。这两种需要未被列入到他的需求层次排列中，他认为这二者应居于尊敬需要与自我实现需要之间。这些需要像阶梯一样从低到高，按层次逐级递升，只有当人从生理需要的控制下解放出来时，才可能出现更高级的、社会化程度更高的需要，如图 4-5 所示。

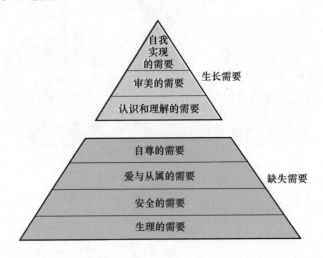

图 4-5 马斯洛的需求层次理论

虽然对于马斯洛的需求层次理论在学术上还有争议，但设计师却可以借助这一模型来思考产品的当前存在意义和未来存在意义，这是有利于设计师跳出单纯的"用户需求"的陷阱的。比如从小米手机的发展脉络上我们可以清晰地看到这种需求层次的递进。

小米手机最开始推向市场的时候走的是低端战略，主打性价比。当时的市场上也有各种性价比不输给小米的没有品牌的山寨机，甚至华为、中兴这些大厂它们为运营商提供的定制机在性价比上也不错。按照马斯洛的需求层次理论，这些低端产品是在满足"我有"。如果小米一直这样去拼性价比应该是没有太多机会的。但是其提出的"为发烧而生"这一理念并通过论坛来与各种小米的"发烧友"进行互动，将产品的意义在马斯洛需求层次理论当中提升了几个层次，让用户有了归属感和被尊重感，形成了与其他"性价比"类产品的明显差异化。而小米未来的发展就是看当底层需求被满足时，小米在更高层意义上能找到多大属于自己的空间了。

这里只是从一个侧面来分析了小米产品的发展定位。这看似与具体的设计无关，是公司高层在战略层面应该思考的事情，但作为设计师你必须清楚你所设计的产品当前在公司当中的发展定位。

2）7 个产品价值机会

7 个价值机会是美国卡耐基梅隆大学的两位教授乔纳森·恰安（Jonathan Cagan）和克雷格 M. 沃格尔（Craig M. Vogel）在他们的著作《创造突破性产品》这本书中提出的。这里我们可以将 7 个产品价值机会看作是产品设计的 7 个意义构建方向。

- 情感：情感界定了产品体验的核心内容，情感体验也确定了产品的未来幻想空间。
- 美学：美学着眼于人的感官感受。
- 特性：希望产品展示了独特性、适时的风格，以及与环境的协调性。产品的风格形象同样强化了情感的价值机会，并且支持了用户使用这种产品的梦想。产品的形象同样支持了企业整体的品牌形象。
- 影响力：产品所表现出的社会责任与客户的个人价值体系相联系，常常能提高用户对品牌的忠诚度。
- 人机工程：人机工程指的是人的动态行为与动态或静态的产品或环境的互动。用户寻求的是好用的、舒适的以及能够凭直觉简单操控的新产品，而且一个产品若想长期保持使用的舒适性、稳定的质量和灵活性靠的是人机关系的合理设计。
- 核心技术：美学和个性瞄准的是造型因素，核心技术和质量瞄准的是技术因素。人们想要的不仅是技术，他们希望技术能够高速发展以支撑更新、更可靠的功能。
- 质量：这里关注的是用户对产品最终的加工结果的期望值。书中的一个重要观点就是，如果在开发的前期花时间研究可以满足用户期望值的产品，下游的生产细节就会变得简洁明了了。

人机工程、核心技术和质量价值机会都强调了产品在初次使用和长期使用过程中的满意度；社会及环境的影响力、产品形象和美学的价值机会则表达了消费者的生活方式；情感的价值机会往往与用户使用产品的心理体验直接相关。7 个基本的价值机会建构了一个产品的特点及总的使用体验。

同样地，再从上述这 7 种意义的角度去看小米手机："为发烧而生"形成了小米手机的特性；在论坛上与发烧友都互动提升了米 UI 系统的可用性，也就是人机工程方面得到了提升。这两方面应该是小米公司在创业初期最有可能提升和掌控的地方，而且他们在这两方面做得很好。

设计师面对的问题往往是从寻找问题的本质开始的，此时的设计问题场景是很模糊和不确定的，当设计师不知从何处下手时，可以尝试从马斯洛需求层次理论和 7 个价值机会寻找有无创造突破性产品的机会点。上述两个模板是抛砖引玉，每一个设计师都应该有意识地去建立自己的"意义"系统模板。

第五章

原型思维意识

一 游戏：爬山

一天清晨，太阳刚刚升起的时候，一个和尚开始爬一座高 3 000 米的山，狭窄的山道盘绕着通向山顶一座闪闪发光的宏伟庙宇。

和尚开始以 2.5 千米/小时的速度向上爬，沿途多次停下休息并吃随身携带的干粮，到了下午和尚只能以 1.5 千米/小时的速度向上爬了，在太阳落山之前，他到达了山顶上的宏伟庙宇。

经过几天的斋戒和反省，他沿同一条小路踏上了归途。在太阳升起时出发，沿途变速行走并停留了多次，当然，他下山的平均速度比上山的平均速度快，大概是 3 千米/小时。

请思考山路上是否存在着唯一的地点，两次旅途中和尚在一天中的同一时刻都经过此处。

仔细想想你要怎样证明这件事呢？记录下你的思维过程。

二 游戏洞察

1."设计原型"可以帮助呈现问题场景

你的第一反应是什么？估计是在纸上写下了山高与和尚上山、下山的速度之间的数值，并开始推演他们之间的数学关系了吧？算来算去找到什么答案了？

或许你随手在纸上画出一座高山，山顶有座庙，第一天一个小人从山脚下慢慢向上爬。然后，第二天这个小人从山顶上慢慢走下来……画到这里你是不是看出这道题的门道了？只要把那个和尚变成同时上山和下山的两个和尚就好了，他们相遇的那一点就是"在一天中的同一时刻都经过此处"（图5-1）。

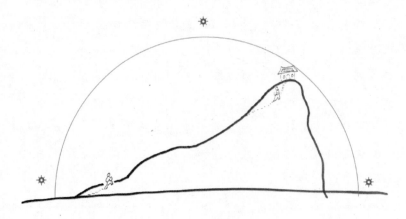

图 5-1 爬山的视觉原型

仔细思考这种从数学公式到图形的转变，有了上面这张图，问题突然变得简单了，因为图把问题真正的关键要素呈现了出来——同时上山与下山必定在相同时间、相同地点相遇。那些山高和速度的数字都是用来迷惑人的！

上面这张图就是这个问题的"设计原型"，它将问题场景以形象化的方式展现出来，人们借此来思考问题的各个方面和要素。

2. "设计原型"是设计师思考的工具

上面的思考过程中，一开始借助数学符号来帮助思考，然后用图画的方式去构建了问题场景来帮助思考。前者是左脑的逻辑思维，后者是右脑的形象思维，两者都是思考的工具，是将思想表达出来的工具，而不是思想本身，人类正是借助这些思维工具来帮助自己推进思考过程的。所有这些工具本质上都是在尝试去除无关紧要的细节、简化问题的基本要素、抽象出问题的新的框架，并将其构建成一个新的问题答案。

基于数学符号的逻辑思维适合于问题明确的思考，而问题情境较为模糊的"设计问题"往往需要借助形象化的"设计原型"来帮助思考。反映在设计师的工作中就是画各种设计效果图、制作设计模型并进行评审的过程。那些效果图和模型被设计师称为"设计原型"，它们便是设计师思考的工具。

三 | 原型思维意识

1. 设计原型

"设计原型"一词来源于英文"Prototype",是指事物的雏形、原型、模型、样机等,在设计师的语言场景下就称之为"设计原型"。设计原型是设计师最主要的设计思考工具,它可以帮助设计师将设计概念转化为具体的、可以触摸的、可操作的概念原型,进而确认设计方案的可行性和验证设计方向的正确性。

2. 用设计原型来呈现问题场景

设计师所面临的问题往往是模糊的和跳跃的,这是很难使用严谨的逻辑思维进行推导的,因为逻辑推导的前提一定是有已知条件和推导原则的,但这恰恰是设计问题所不具备的。此时,最行之有效的办法是尽快做一个设计原型来放到问题场景中,看看问题各方有怎样的反应。

3. 设计原型的两大功能:思考的工具、测试的工具

如前所述,设计原型是设计师思考过程的工具,同时设计原型也将设计师的思考形象化、具体化,是设计师把设计概念展示给用户和其他开发人员进行沟通和测试的工具。测试的过程一般包含三种情况。

- 功能原型测试:产品应该具备哪些功能?这些功能应该怎样实现?
- 交互原型测试:产品的交互逻辑和信息架构是怎样的?
- 风格原型测试:产品的设计风格用户是否喜欢?

4. 设计原型让设计过程视觉化和具有可操作性

有研究表明，人类大脑在处理视觉内容时的速度比文字内容快 6 万倍。这也是设计师本能地选择用画图来推敲自己的想法的原因。各种设计图包括后期的各种实体的或数字化的三维模型都是"设计原型"，都是设计师将自己的理念视觉化和操作化的过程。

设计原型带给设计师的是视觉化的思考模式，相对于概念、定义等逻辑化的左脑思维模式，其是右脑化的思维模式，它有利于打破原有事物的逻辑关系限制，带来跳跃化的、创造性的思维，这也是设计师最需要的。

视觉化呈现与原型可操作化的优势在于：

- 能够直观地呈现概念信息和操作过程；

- 降低了我们对信息理解、记忆的成本，更符合人脑的认知偏好；

- 能够帮助我们从不同的视角来思考问题，这往往能够带来灵感的迸发；

- 能够将其他人的意见引入设计概念的讨论中。

四 原型思维工具

设计原型从本质上来说就是想尽办法把设计师头脑中的概念转化为看得见、摸得着、能实际操作的产品，这样才可以对其进行有效的评价和进一步的思考。所以，只要能达成这样的目的的各种表达手段都可以称之为"设计原型"。

(一) 形式上的"设计原型"

设计原型可以有多种形式来进行表达。

1. 人物原型

人物原型，也称人物角色、Persona。主要是将用户具体化，描述出用户的行为、喜好、需求和价值观。为设计师的设计过程持续保持对用户的关注和与其他人交流提供支撑。

构建流程如下。

步骤 1　参照第一章"用户研究通用工具"搜集大量的用户信息。

步骤 2　提取与项目相关的用户特征，并通过这些特征来对用户进行细分，以创建出 3～5 个用户角色。

步骤 3　为每一用户角色命名，并配上符合用户特征的用户图片。

步骤 4　标注用户的基本特征：年龄、性别、职业、文化程度等。

步骤 5　标注前面归纳的用户与项目相关的特征，并添加更真实的用户细节，比如用户说的话，用户有怎样的痛点、需求、期待和行为等信息。

步骤 6　随着项目的深入，逐渐的修改、细化人物原型，使其更加生动、更富吸引力。

2. 故事原型

故事原型，也称故事板，是使用视觉化场景的方式来讲述故事的一种方法，即用类似"连环画"的方式把与产品或服务相关的人、行为、环境和氛围等场景要素放在一个生动的故事中讲述出来。其可以让读者更加有带入感地理解当时的问题场景。

建构流程如下。

步骤1　先确定一个故事原型的主题，即想要通过故事原型表达什么？表达的内容要简明扼要。

步骤2　根据故事主题来确定用哪些场景来表达主题，以及这些场景的先后顺序。

步骤3　确定每一场景下包含有哪些人物、产品、行为、氛围等场景元素。这一阶段关键要确认表达场景的视角，是远景还是近景？是表现人的行为还是表现产品的细节？这就像拍电影时琢磨摄像机的角度和机位一样，以求更富有表现力地将场景表达清楚。

步骤4　绘制完整的故事原型，可以使用简短的注释为每一场景图片作信息的补充。

步骤5　随着设计的深入，进一步丰富故事细节，使故事更加生动。

故事原型一般用于展示产品概念设计方案，但对于设计师来说构建故事原型的过程也是转换视角、深入挖掘产品概念的过程，设计师需要思考在问题场景下用户真正想要的是什么？产品怎样才能在场景中打动人心？这样的思考之下，往往会有灵感的闪现。

3. 原型截面图

设计原型作为思考的工具总是在尽可能完整地还原场景，但有时场景的局部截面可能会更容易呈现问题的本质。这里介绍两种原型截面：时间分布图、空间布局图。

时间分布图：当有些事件信息与时间维度密切相关时，我们可以画一条时间轴线，然后将相应的时间放置在对应的时间位置上。这样可以将繁杂的信息直观化、平面化地表达出来，有利于发现问题所在。这里的时间轴线就是一个事件的时间截面。

空间布局图：当事件与空间维度密切相关时，我们可以从俯视的视角来审视这一空间中所有静止的和变化的元素，思考其中的制约关系和相互联动，这样可以让我们在兼顾全局的情况下理解用户的行为和进行场景的布局设计。

上述时空原型截面也可以组合起来用，形成不同时间下的空间布局变化图，这对于设计师的思考也是很有帮助的。

4. 草图与效果图

草图与效果图是设计师最常用的、也是最传统的设计工具。两者都是利用视觉化的手段来思考和表现产品概念的设计方案。

草图：这是成本最低的"设计原型"，其注重设计概念的快速捕捉与表达。草图阶段设计师的产品概念还处于模糊的阶段，草图可以快速地将概念视觉化，并不断地修改和添加新的灵感，以帮助设计师将产品的细节逐渐清晰化、具体化，为设计进入下一阶段打下基础。

效果图：效果图则是在草图基础上，以更接近真实效果为方式来展现产品概念。同时也是设计师推敲和展示自己的设计效果的重要手段。

5. 实体原型

草图和效果图都还是停留在二维的平面上，除非是像设计师这样具备专业技能的人，一般人还是很难想象出真实的产品效果的，甚至有被效果图中的艺术效果误导的可能，这样就需要制作尽可能真实的实体模型来展示最终效果了。在世界各地每年的车展上，各大厂商都会推出自己的"概念车"来试探消费者的反应，这些概念车与量产车几乎一样，为的就是要获得用户的真实感受和评价。

实体原型的另一个重要作用是可以被放到真实的使用场景中来检验设计方案是否合理，尤其是对人的生理的适配和心理的认知情况的验证，这是二维效果图很难达到的。

6. 虚拟原型

随着计算机技术的发展，一些虚拟现实和增强现实的技术也被应用到设计领域。通过一些相关的设备，人可以在虚拟的世界中使用相关产品、感受真实的效果，这一方面降低了制作实体原型的成本，另一方面提高了原型测试的效率。图 5-2 所示的二维码所链接的视频是乐高使用增强现实技术，让顾客在选购商品时可以看到玩具组装以后的真实效果。

图 5-2　乐高使用增强现实技术的视频

（二）功能上的"设计原型"

从功能上来看设计原型可以分为功能原型、交互原型和风格原型。

1. 功能原型

"功能原型"是用来分析产品的整体功能架构的。对于实体类的产品任何的功能背后都有实现功能的技术模块,这些模块的实体空间往往会限制整个产品的功能外在形态。最直接的例子就是 iPhone 使用了触摸屏才可以把原来功能手机放按键的空间拿来增大手机屏幕,否则就只能把手机尺寸变大。

产品外在功能形态是指要完成设计师所设定的功能需要什么样的按键,多大的屏幕,手怎样持握产品等等与产品功能相关的一切产品外在形态。比如,第一代锤子手机提出了抓拍的功能——要求手机从兜里拿出来的一瞬间即可以进行抓拍。设计师提出的功能形态是手在伸到兜里的同时按下手机两侧的按键,当把手机从兜里拿出来后再同时放开左右两侧的按键即完成相机的抓拍动作。那么按键的位置、按键的大小、按键的力度,甚至按键的触感都是产品的外在功能形态。这种抓拍的功能形态是设计师设计出来的,是设计师要完成的工作,设计师的工作便是要保证这种功能形态的合理化和最优化。

此外,通过功能原型可以帮助设计师设计出产品合理的人机操作尺寸。在电脑等数字化设计工具上设计出的产品距离真实的产品还是有差距的,制作 1:1 或者其他比例的功能原型,可以快速帮助设计师验证人机操作尺寸是否合理。

对于非实体类的软件类产品,其功能原型更多的是用来设计各种功能模块的逻辑关系,比如功能的优先级、功能调用序列等。其很多时候也可以结合到后面的"交互原型"中一起设计。

2. 交互原型

"交互原型"是设计产品与人交互的信息架构。当前产品中所包含的信息量是工业时代的产品所不能比的,尤其是很多产品的物理实体界面越来越多地被数字化虚拟界面所取代,导致很多的产品操作信息是被隐藏在不同的操作菜单下面的，而人的记忆和认知能力是有限的，这便需要设计师去精心设计产品的信息架构，以帮助人们去理解和记忆产品操作信息。交互原型便是设计师完成这一工作的主要工具，它主要从人的心理认知层面去设计和组织合理的产品信息架构。

在交互原型中显示器和控制器的设计是两个重要的设计落脚点。

显示器：这里的显示器并不是指电脑的显示器，它是指产品上所包含的各种信息的呈现方式的物理承载者。显示器既包括了显示信息的屏幕，也包含指示灯的灯光、各种开关的反馈声音，甚至是手机的震动和按键的触摸感。

控制器：控制器是指人对机器进行操作的各种媒介。这既包括了传统的按键、开关、方向盘等一类控制器，也包含了像微软 Kinect 能够识别人体姿态的高科技控制器，甚至是越来越智能化的、根据大数据的自动选歌系统。

人为了满足自己的需求通过控制器对机器发出指令，机器则通过显示器反馈给人指令的结果以及下一步操作的提示，人根据这些反馈和提示通过控制器发出进一步的指令，从而实现信息在显示器与控制器所共同构成的人机界面之间的流动。信息流动的效果怎样？是否是高效的、准确的信息流动？设计师便是通过交互原型这一工具来进行设计的。所谓的信息架构设计，实际上就是信息如何在显示器与控制器之间流动的设计。

3. 风格原型

风格原型主要是从美学的角度来塑造产品的美学特征，这是工业设计的一项主要工作内容。"美"是一个很抽象的概念，设计师对美的探索是很难用语言来表达的，于是设计师便通过草图、效果图、模型等这些"风格原型"来向他人展示自己的设计理念，并通过用户的反馈来验证其设计风格能否被用户感知。风格原型也需要设计师具备一定的设计表现技能才能完成"风格原型"的塑造。

第六章

风格塑造意识

一 游戏：对美的感觉

1. 看一下图 6-1 所示的照片，描述一下你的第一感觉，能描述清楚你的感觉吗？请记下你此时想到的词语；

图 6-1 赫本的美

2. 接下来把你脑子中所能想到的关于描述女性美的词写下来，并针对每一个词找一张照片来视觉化这个词；

3. 从你刚刚找的这些照片中看看有没有哪张与上面的照片可以形成鲜明对比的，如果没有继续寻找；

4. 在纸上画一条线，将上面的照片和你刚刚找到的有鲜明对比的照片放在这条线的两端，并尝试将其他照片放在这条线上的合适位置；

5. 如果其他的照片在这条线上找不到合适的位置，你可以在第一条线中点的位置画一条与这条线垂直的线，也就是让两条线构成 X 轴和 Y 轴的形式，并给这条新线的两端找到新的对比词，然后你再尝试把那些图片放到合适位置；

6. 完成这一工作以后，再来看上面的照片，你的感觉有变化吗？有怎样的变化？

7. 转身看看你此刻周围的女性，有没有感觉好像在她们头上飘着一个词呢？

二 游戏洞察

设计师常常被认为是一群很有"感觉"的人，这不是说普通人没感觉，而是在"设计美感"的倾向性上设计师的感觉要比平常人更加敏锐一些。那么设计师的敏锐感觉是怎样建立起来的呢？前面的游戏就是一种最基本的方法。

1. 感觉在比较以后变得更敏锐

当事物是独立于其他事物而存在时，任何人对它都是没有感觉的，因为失去了事物存在的背景，一切的评价标准也就消失了，好与坏、喜欢还是反感都无从谈起。就如同世界上如果只有一个人，他的性别也就说不清了，因为他是上帝、他是玉皇大帝；反之，当两个事物摆在一起时，你立即就会有"感觉"，喜欢这个还是另一个？为什么这个就比那一个好一些？

前面的游戏设计也是这样的一个逻辑，最开始让你看赫本的照片时，很多同学的回答就是一个"美"字，但具体怎样的美就说得很含糊了。可当学生把其他人的照片和赫本的照片摆在一起后，赫本的各种美感会自然地"跳"出来。

当你把麦当娜很有"女汉子"特征的照片摆在赫本旁边，赫本那种淑女气质立马体现出来，同时还能感受到赫本身上那种相对于麦当娜放浪不羁、野性之外的高贵女神范（图6-2）。

越是强烈的对比，对比双方的特点会越突出。但对于设计师的"感觉"而言，还要具备分辨细微感觉差异的能力。比如同是以方正造型为特点的Jeep大切诺基和路虎揽胜两款大型SUV，你会感觉谁更尊贵一些？谁的驾驶性能更强一些呢（图6-3）？

图 6-2　对比之美

图 6-3　Jeep 大切诺基和路虎揽胜

　　两款车一个比较显著的不同之处是车窗下沿线对整体车身分割的不同比例：Jeep 大切诺基车窗下沿线更高，车身的占比较大突出了车身的强悍；路虎揽胜车窗下沿线更低，车窗占比较大突出了驾驶舱的宽大与尊贵。这种差异性如果只是单看某一款车是很难发现的，不停地比较是设计师培养设计感觉很重要的一种训练，在构成设计训练中经常提到的"形式法则"主要也是在处理各种设计要素间的对比关系。

2. 感觉需要坐标系，感觉是建立在坐标系中的

通过对比可以打磨设计师的感觉，但更重要的是在对比中设计师要建立自己的感觉坐标系。这也就是游戏中间让大家建立 X/Y 轴坐标系的目的。

各种感觉按照一定的方式排列、组合在一起以后就会形成设计师自己的感觉坐标体系。坐标系可以是一条线也可以是两条线的 X/Y 轴坐标系，设计师可以根据情况调整坐标轴的含义，从而建立多种感觉的坐标体系。

设计师在凭感觉判断设计方向和设计细节正确与否之前需要建立起合适的评价体系。坐标系中的坐标轴的含义就是设计师的评价标准，设计师设计方向判断和细节调整都要依靠这些评价标准。

感觉坐标系的建立一方面来自于当前的设计项目的设计研究，另一方面也需要设计师个人的平时积累。

3. 感觉因人而异

感觉是一件非常主观的事，不必强求所有人感觉的一致性，反倒是要努力保持自己感觉的独特性。

4. 跟着感觉走

先找感觉，再有对感觉的理性分析。

感觉的建立需要首先相信自己的感觉，并在不停地比较中确认自己感觉的独特性和倾向性，从而建立自己的评价坐标系。此时的"感觉"不再是非理性的个人感受，而是设计师多年积累下来的敏锐的职业嗅觉。

用感觉去引领设计的方向！

三 游戏：风格特征的塑造

1. 仔细看图 6-4 所示的这张照片，你从中能找出多少种对比的元素？这些对比的要素中所要突出的主要特征是什么？

图 6-4　对比与美

2. 图 6-5 所示为玛莎拉蒂（Maserati GT）跑车，仔细看看这辆跑车你能感受到车身上哪一部分是它的主要特征？它强劲的奔跑动力是怎样表现出来的？

图 6-5　玛莎拉蒂（Maserati GT）

3. 接下来对比前面的跑车，从图 6-6 所示的这张悍马 H3 你能感受到怎样的风格特征？这样的风格特征又是怎样表现出来的？

图 6-6　悍马 H3

完成上面三幅图片的分析后，接下来的部分称之为游戏也许有些牵强，但确不失为设计师提升自我设计能力的一种有效的训练手段。

4. 找一个你生活中的立方体包装盒，仔细感受它给你的第一感觉特征，并用文字写下来，比如扁扁的衬衫盒子、长方的鞋盒等。

5. 试着将其放在不同的位置、不同的方向去感受它给你的不同感觉变化，比如将其举过头顶仰视时与放在脚下俯视时的感觉特征有怎样的变化？

6. 随手拿一支笔立在包装盒上面，看看你对包装盒的感觉特征是什么？再将笔支在包装盒下面，看看此时你感受到的包装盒的感觉特征是什么？有没有感觉到包装盒像后者这样摆放要重于像前者这样摆放着？

7. 再找一个立方体包装盒，将其与第一个包装盒组合在一起，以使第一个包装盒的感觉特征得到加强，比如让包装盒看起来更扁，让长方形的鞋盒更高更长。

四 游戏洞察

1. 风格特征的塑造依然靠与其他事物的对比

第一张图片我想大家都能发现人物的脸是画面中最突出的部分，那么摄影师是怎样实现了对人物脸部的凸显呢？注意这里我们不是要分析照片所要表达的含义，我们只是分析画面的效果。

首先是脸部的明亮与周围头发的阴暗形成对比，还有脸部的暖色调与衣服的冷色调形成对比，脸部的光滑与背景中粗糙的稻草形成对比，古典的画面风格与脸部很现代的"晒伤妆"形成对比，甚至很具有东方特征的、平面化的在衣服上的刺绣圆撑子与西方人极具雕塑感的脸也形成对比。在所有这些对比关系中人物的脸始终是对比关系的主导者，其他的都是为了突出和衬托人物脸的各种特征。最终人物的脸得以在画面中凸显出来，至于摄影师这样设计背后所要表达的含义，还需要结合其当时的文化背景来一起分析，这里就不再讨论了。感兴趣的同学可以去搜索"Viktor & Rolf"这一品牌背后的故事。

第二张图片我想大家都感受到了这是一款提速很快的、流线型的跑车。那么车身上的速度感设计师是怎样塑造出来的呢？

首先是轮子上方、发动机盖板上隆起的曲线和车顶上流畅的线条所形成的一系列跃动的曲线组合，让人感受到了风从上面快速流动的效果。但是这种曲线组合在大部分跑车上都能见到，而这款跑车与众不同的特征又在哪里呢？

跑车的主要动力表现就是快速旋转的轮子，设计师有意识地将轮胎这一要素放大——即前后轮胎上方隆起的曲线让人感觉那是轮胎肌肉的一部分，从而突出了整车中轮子部分的比例，让人与四肢强健的运动员下意识地形成类比，进而感受到了此车的强劲动力。

有了第二张图，第三张悍马的风格特点也就非常明显了——强悍！强悍！还是强悍！

强悍感怎样塑造呢？前面玛莎拉蒂 GT 通过跃动的曲线塑造出流动的曲面，这时人们所感受到的是曲线和曲面。而对于悍马来说速度不是主要的，力量才是悍马所追求的造型。设计师的思路不再是塑造流动曲线的跃动感，取而代之的是用方正的矩形所营造的体块感。因为曲线和曲面是没有三维实体的体块感，没有分量感。只有三维的体积能够让人感受到实际的体量感所带来的力量感，这就像是男子健美运动员身上的一块块发达的肌肉所传递出来的力量感一样。

在细节的设计上，设计师也在不停地强化体块感：比如侧面三块车窗的设计，前面两块是凹下去的让人感觉到车门的厚度和体块感，最后一个车窗与车身是一个平面，没有了体块感，这种对比也是在突出车身的体块感。

有了悍马和玛莎拉蒂这两种车型的对比，人们对于跑车的速度感和越野车的力量感这两种风格特征会有更深的体会和理解。

2. 事物的特征与场景相关

在后面的训练中实际上是让人去体会同一个东西放在不同的场景、从不同的视角去观察时会观察到事物不同的侧面和特征。

一个牙膏盒当你竖立放在桌面上，你感受到的是挺拔的向上生长感；当你将其平躺放在桌面上时，你感受到的是某一方向的延展感和稳定感。同样的当你用一支笔立在一个快递包装盒上面和放在下面去支撑这个包装盒时你所感受到的包装盒的重量是不一样的。

设计中产品风格特征的塑造与其周围事物、场景的对比和衬托分不开。

五 风格塑造意识

设计和人一样都要有自己的风格才能被人识别和记住。

风格特征的塑造主要依靠产品的主要特征与其周围事物、场景的对比和衬托来实现的。

设计师一定要建立自己的风格定位坐标系，有了坐标系才有更敏锐的感觉和独到的设计见解。

坐标系的建立需要设计师自己平时的积累，同时在学习别人优秀的设计时可以多用用后面一个游戏中的分析思路来提升自己的感觉。

六 │ 风格塑造工具

1. 知觉地图

知觉地图（图 6-7）原本是用来做营销定位的工具，是消费者对某一系列产品或品牌的知觉和偏好的形象化表述。在这里将其作为设计师表达设计风格或者分析产品设计定位与竞争产品之间的关系的工具。

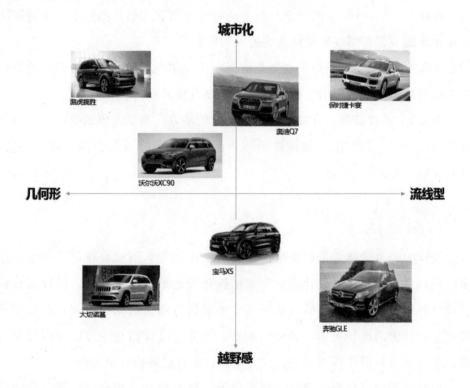

图 6-7　知觉地图

步骤 1：确定知觉地图评估的目标，比如是设计风格定位还是产品定位？

步骤 2：确定知觉地图的评估属性。

先尽可能多地列出与评估目标相关的评估属性，将这些属性放在知觉地图上横纵两个坐标轴的端点，从而组成多个知觉地图。

评估属性应该是被消费者认为重要的，或者是对产品关键的属性。

评估属性在坐标轴上可以是同一属性的两种状态，如"价格高——价格低"，或者是相对的两个属性，如"古典——现代"。

负向评估属性尽量放在坐标轴的左侧和下边，正向评估属性放在坐标轴的右侧和上边。

两个坐标轴的属性要有所区分，建议一个是设计风格的属性，另一个可以是功能定位的属性。

步骤 3：将设计师新的概念与现有的设计风格和竞争产品的定位放到不同的知觉地图中，看哪些知觉地图更能说明问题。

步骤 4：确定当前趋势。在知觉地图中比较集中的地方代表了当前的设计趋势和激烈的竞争，仔细分析这种趋势的成因和未来。

步骤 5：寻找蓝海。在知觉地图中空缺的地方代表了竞争的空白，仔细分析空白的价值，如果空白处能被新的产品所填充意味着机会的蓝海。反之，意味着应回避的"坑"。

2. 设计图板

设计中的美学感觉是很难用语言和文字表达的，所以，在设计行业中很多时候都是通过制作"设计图板"来捕捉和表达某种美学感觉。设计图板就是设计师把搜集的图片、插画甚至真实的材料等物品拼贴在一起，以形象地描述某种特定的设计美学、风格、场景，等等。设计图板一方面可以用来与他人进行交流，但更多的还是设计师用来启发自己的设计灵感的。

设计图板可以从形态设计、色彩设计、风格设计、现有产品美学趋势设计、场景设计等多种角度来制作，没有特别的程式化要求，关键是图板中的图片视觉形象是否真的令设计师心动、对其有所启发。

苹果公司于 1998 年推出的彩色 iMac，就是设计师受到了透明胶皮软糖的启发，实现了乔布斯希望提高数字化产品与人的亲和力的设计目标，如图 6-8 所示。

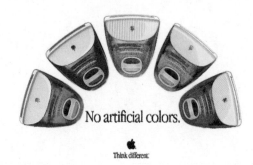

图 6-8　糖果与 iMac

关于用"设计图板"来进行设计的实际案例推荐大家看看《天桥骄子》第二季第八集的视频，同时这个视频中还展现了设计"品质感"的塑造过程。

第二部分

创新设计思维

第七章

设 计 思 维

设计思维

关于设计思维（Design Thinking）有很多不同的解读，但至今也没有为大家所公认的一种定义。"设计思维"一词最早是由 Bryan Lawson 在其 1980 年所著的 *How Designers Think：The Design Process Demystified* 一书中提出的，认为设计是一个特殊和高度发展的思维形式，是一种设计者学习后更擅长于设计的技巧。IDEO 设计公司总裁 Tim Brown 在《哈佛商业评论》中定义："设计思维是以人为本的设计精神与方法，考虑人的需求、行为，也考量科技或商业的可行性。"

上述两个可能是你在网上最容易搜到的定义。这里无意去说谁对谁错或者重新下一个定义，大家可以按照自己的理解去对各种定义进行解读。因为，"设计思维"是动态发展的，它是设计师习惯性的思维模式，它在某些方面是有其自身特征的。

二 设计思维的特征

1. 设计思维的核心是做出有"品质感"的东西来，不只是解决问题

现在经常有一种理解"设计是用来解决用户所面临的问题的"，这种"以用户为中心"的设计思想不能说其是错的，但至少是不充分的，设计师的工作不能只停留在问题的解决层面，他要提供一种更有品质的解决方案。

图 7-1 所示是两种类型的"躺着的电脑椅设计"，从中你看到了什么？感受到了什么？

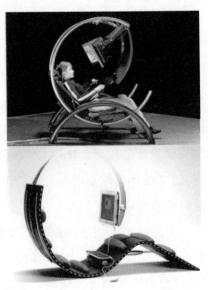

图 7-1　躺着的电脑椅设计

左边的图展示了一个问题的解决方案：人可以躺下来工作，以解决人长时间使用电脑所带来的颈椎和腰椎的疲劳感，但似乎简单、粗暴了些；右边

的图则会让你感受到一种很酷、很悠闲的电脑使用状态，这种状态不仅仅解决了前面提到的问题，同时会让人产生"向往之"的冲动，因为不论是工作还是娱乐你都能感受到其中所蕴含的酷帅舒适感，这种冲动就是超越了问题解决之后的设计中的"品质感"。对于设计师而言不要总想着解决问题，而是要想着如何构建"品质感"。

与之相似的是建筑学中"诗意的建造"，产品设计师也是在努力表达产品的某种"诗意"，以带给用户超越产品本身物质层面和解决问题层面上的某种情感认同的体验。这种体验也许很抽象、难以言明，但就像上面的"躺着的电脑椅"，你是可以感受到的！

2. 设计一定是创造新的东西，不只是解决问题

这话听起来似乎是废话，设计哪有不是创新的？

《从 0 到 1》这本书中提到有"从 0 到 1"和"从 1 到 N"两种创新模式，前者称之为颠覆式创新，后者为渐进式创新。这里强调的是：设计所追求的是从 0 到 1 的颠覆式创新。

想要制定一个标准说设计达到怎样就完成工作了几乎是不可能的，设计是没有标准答案的，设计师永远在追求更好的设计，直到设计师认为他设计的方案与原有产品、与竞争对手有了足够的差异化、达到了从 0 到 1 的跳跃他才会停止。这样的思维模式与现代的科学技术领域中的思维有很大不同，虽然其也在追求创新、追求突破，但其科学化的理性思维决定了其不是时刻都要去从 0 到 1，因为技术的稳定性是一项重要的评判指标。

此外，创造新的东西与解决问题是相对的，解决问题虽然其中也有创新的成分，但由于"问题"自身的限定使其停留在"头痛医头，脚痛医脚"的层面，很难做到从 0 到 1 的突破式创新。而设计是绝不能与"解决问题"画等号的，问题要解决，但要以创新的方式来解决。这里最典型的例子就是老亨利·福特的那句名言："如果我最初问消费者他们想要什么？他们会告诉我要一辆更快的马车!"设计不能停留在"马车"的层面,而是要到"汽车"那里寻找答案!

3. 设计思维是由模糊到逐渐清晰的过程

多年来我们在各种教育中所面临的问题求解,都是告诉你一些已知条件再要求你用这些已知条件去求解一些问题,即便是很难用客观对错评判的语文作文也是"命题作文"。这样一来,我们潜意识中已经习惯"要解决的问题必然是已经清楚了的"。但设计师所面临的问题则没那么幸运,大部分情况下设计之初设计师最需要搞清楚的是"面临的问题到底是什么?",然后才是怎样解决。美国卡内基梅隆大学的 Jonathan Cagan 教授在其著作《创造突破性产品》一书中将这种状态称之为"模糊前期",但本书认为设计的模糊性是从始至终的,只是模糊的程度不一样。很多时候是直到那个你心中期待已久的设计方案跃然于纸上时,你才知道原来要找的设计方向是这个。这与艺术家搞创作是高度相似的,设计师需要具备在混沌与模糊的状态下探索设计问题的能力和心理准备。

4. 5+5=?

看到这个问题除了你脑子第一时间跳出来的那个 1 和 0,你是不是马上会感觉一丝迟疑和困惑?这里面一定有"坑"!难道是个脑筋急转弯?还是一个谜语?但这都不是设计师的思维模式,因为你还在想着答案是什么,你还陷在解决问题的场景中!设计师的 Design Thinking 是马上想"为什么会提出这个问题?",设计师看到任何问题的第一反应永远不是怎样解决,而是先要退后一步去看清楚问题产生的场景是什么?造成问题的本质是什么?所以当你去看各种各样的设计流程时,你会发现前面的步骤基本都是先去"理解"这个问题,然后重新定义这个问题,最后才是解决问题的过程。

5. "设计思维"是基于"设计原型"文化基础之上的

现代设计的鼻祖德国的"包豪斯"从建校之初就建了大量的实习车间，学生的学习是以师傅带徒弟的模式在各种车间里完成的。之所以这样是因为他们知道设计不是靠理性的推理和计算出来的，设计需要制作各种模型来尝试和验证各种设计可能性，这些模型、包括各种设计草图都是"设计原型"，它们是设计师的设计工具，是设计师思考的工具！所以设计师基本都是行动派，不必过于纠结是否符合常理、是否可行，做出设计原型尝试一下就知道了，并且借助于设计原型也是有利于思维的发散，因为视觉化、实体化的设计原型可以充分调动你的"右脑思维"，帮助你发现各种问题的限制所在。

设计原型的另一个重要性在于，其可以让设计师更有产品使用情景的代入感。正如人们发现自己没带钥匙往往是在门口一样，越接近真实的使用场景可以让设计师越早地发现问题的关键。

在 IDEO 于 1999 年为美国 ABC 的《夜线》栏目制作的"四天内重新设计购物手推车"的节目中你可以看到设计师如何使用"设计原型"来帮助设计的详尽过程。

第八章

设计流程解析

设计的流程就是一系列的操作步骤，其对整个设计进度与方向的控制具有指导意义。

一 各种设计流程

跟设计思维一样，设计流程依然各说各话，不同的人和机构都给出了自己理想的设计流程。在斯坦福设计学院的设计资源里面你可以看到如图 8-1 所示的这个网页（http：//hci. stanford. edu/dschool/resources/design-process/gallery. html#3），里面几乎囊括了各种理念下的设计流程。但大部分的设计流程都隐含了心理学关于创新的解读。

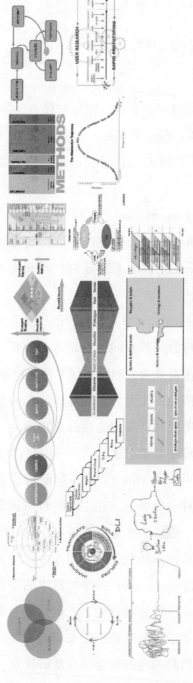

图 8-1　斯坦福设计学院搜集的设计流程

二 心理学关于创新的解读

有关创新活动过程的研究，比较有代表性的是 1926 年英国心理学家格雷厄姆·华莱士（Graham Wallas）在他的著作《思维的艺术》（*The Art of Thought*）一书中提出的创造过程四阶段论：准备期、酝酿期、明朗期和验证期。

1. 准备期（Preparation）：也叫收集阶段，主要是收集解决问题所需要的知识和经验，并确定所要研究的问题。确定所要研究的问题是非常重要的一步，它会明确人们所要思考问题的空间和边界，以及要对哪些知识和经验进行储备。

2. 酝酿期（Incubation）：这一阶段很有意思，并不是要求人们在明确问题以后马上集中精力展开对问题的思考与分析（实际上在"准备期"对问题空间的定义已经在引导人们对问题展开深入的思考了），而是要求人们先把问题放在一边，转移一下注意力，这样做的目的是要放松"问题情景"对人们思维的限制，以期找到富有创造性的解决方案。虽然表现看起来可能漫不经心，但实际上，研究者正在进行深入的内部信息加工过程。

3. 明朗期（Illumination）：这一阶段则是要针对出现的各种问题解决的可能去展开有针对性的思考。在上一阶段对问题情景放松一段时间后，解决问题的答案在这一阶段往往会突然闪现，我们称之为"灵感"，这实际上是长期思索与知识准备在酝酿期进行重构并达到突变时的表现。

4. 验证期（Verification）：即对想出的办法进行验证、评价和修正，以证明解决问题的可靠性和可行性。此时的评价和修正不仅仅是针对解决方案的，甚至是可以对准备期问题的定义进行修正。因为随着人们对问题思考的深入，人们对于问题的理解也会出现新的认知。

　　灵感的闪现往往是人们最为津津乐道的，格雷厄姆·华莱士的四阶段论基本上向人们揭示了创新活动中灵感产生的过程：人们在问题解决前所经历的长时间的对问题的思考是不能被忽略的，沉浸在问题中是灵感得以出现的基础；原有问题之所以不能被很好地解决主要是构成原有问题的各种要素和要素间的逻辑框架限制了人们对问题的理解和分析，酝酿期的放松是为了打破原有逻辑关系的限制并对问题进行重构，这也是为什么很多有创意的解决方案是在洗澡、散步、上卫生间，甚至是睡觉的时候产生的。这四个阶段作为一个整体、不断循环往复才能提升问题的创造性解决。

第九章

场景体验设计思维

基于设计思维和心理学对于创新活动的解读，我们提出了"场景体验设计思维"。

一 场景体验设计思维框架

场景体验设计思维是以"场景体验设计"为驱动，以"在场意义"建构为核心目标的设计思维模式。其分为一个核心、两个循环和四个阶段，如图9-1所示。

1. 一个核心是"在场意义"的建构

新产品的创新开发实际上是在为新产品塑造它能够生存下去的理由——"在场意义"！这不是某一设计阶段的任务，而是整个设计思维的核心目标，四个设计阶段和两个循环迭代都是为这一核心目标服务的。

强调这一点是希望提醒设计师意识到"在场意义"对每一设计细节、每一设计阶段都有的指导意义。因为，当人过于关注细节时往往会忽略整体，而设计师的工作正是要将设计理念落实到具体的设计细节之中。

"在场意义"是提醒不忘设计的整体、不忘设计的初心！

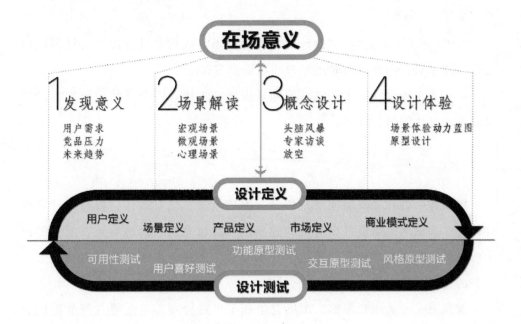

图 9-1　场景体验设计思维框架

2. 两个循环是"设计定义"和"原型测试"的循环迭代

"在场意义"的表述往往会有些抽象，需要通过"设计定义"和"原型测试"的循环迭代来将其逐渐清晰、明确，并最终具体物化在产品上。这种循环迭代贯穿于设计流程的四个阶段，将它们串联成一个循环整体。最终四个阶段将不会有明显的界线，设计师始终都是在围绕在场意义作深入的思考。

这里可能还存在一个"先有鸡，还是先有蛋"的问题，也就是说是先有"在场意义"？还是先有"设计定义"？从项目发展的过程来看应该是先有较为微观的"设计定义"，然后随着"在场意义"的逐渐清晰，它会反过来指导"设计定义"的细化，并最终两者相辅相成地共同清晰起来。

3. 战略与战术

"在场意义"是战略，"设计定义"是战术。战术是具体的执行计划，战略是当战术执行出现问题时用来判断对错或方向的。

在场意义和设计定义的逐渐清晰是设计的主线。四个设计阶段和设计测试是设计主线的执行计划。

4. 四个阶段

场景体验设计思维的四个阶段是：发现意义、场景解读、概念设计和设计体验。前面两个阶段是在寻找构建新的"在场意义"的机会点，后面的两个阶段是通过设计"体验"来让"在场意义"最终落地转化为具有商业竞争优势的创新产品。

发现意义：从用户需求、市场竞争和未来趋势等多角度寻找产品的创新切入点，这是思维发散的阶段。其中用户需求偏微观、未来趋势偏宏观，市场竞争则介于两者之间，这三者可以保证设计师视野的开阔，不会被单纯的竞争压力或者用户需求牵着鼻子走。

场景解读：通过对问题场景的分析来解读场景的真正意义所在和问题的本质，这一阶段呈现思维的汇聚。为了能够真正解读场景，需要从用户视角、竞品视角和设计师视角来分别进行解读，这样做的目的依然是要在问题聚焦的过程中保证设计师视野的开阔。

概念设计：经过前面两个阶段，对于问题已有初步的定义，此阶段是根据定义为问题的解决寻找可能的设计方向。这一阶段不必纠结于问题解决的具体方案，重点还是设计大方向上的把握。

设计体验：这一阶段是在前面所确定的大方向基础上，通过"场景体验动力蓝图"来完成产品体验的设计，以真正将"在场意义"落地。

上述四个阶段呈现的是一个线性的流程，但实际上是不止这四个阶段的，设计定义和设计测试也是两个不可或缺的设计阶段，只是它们不是独立的设计阶段，而是融入前面的四个阶段中的，即每个阶段都通过原型测试来使得设计定义逐渐地清晰化。

最终，可以弱化这四个设计阶段的界限，而用设计定义和设计测试的循环来把这四个阶段串成一个整体。

二 关于"意义"

1. 词典的解释

综合各种字典和词典的检索,"意义"一词基本有以下3个含义:

1)[sense;meaning]:语言文字或其他信号所表示的内容。即事物所包含的思想和道理;

2)[significance;importance]:价值;作用;

3)[good reputation or name]:美名,声誉。

如果站在设计师的角度,我会将"意义"做下面的转述:

1)产品中包含的设计师想要传递给用户的某种理念;

2)设计要为产品创造出新的价值和作用;

3)设计要为产品塑造美名和声誉。

2. 从两则广告看产品的意义表达

图9-2所示的两个二维码是一对竞争对手(宝马 X1 和奔驰 GLA)的视频广告。

宝马X1

奔驰GLA

图9-2 宝马 X1 与奔驰 GLA 视频广告二维码

在 X1 的广告中"活得自由、活得好奇、活得执着、活得勇敢……"等一系列的词语逐一闪现，并在极富节奏感的法国 Royal Deluxe 乐队的"I'm gonna do my thing"伴奏下逐一呈现人们奋斗、努力的画面，非常鼓舞人心，最后用"敢做，敢当"来点题；而在奔驰 GLA 的广告中你看到的是 GLA 在一个科幻的、机械化的冰雪世界中挑战斜坡的画面，其中很有类似变形金刚的"二次元"的要素，最终也点题为"心所向，驰以恒，天生无畏"（图 9-3）。两款车都是入门级的 SUV，主要受众是年轻人，从广告中所传递的"意义"来看，你觉得哪种意义更能为现今的"二次元"一代所接受？

图 9-3　宝马与奔驰新的设计语言对比

曾经的"开宝马、坐奔驰"的理念在"二次元"身上还适用吗？

任何产品都在表达某种意义！

这种意义来自哪里？来自用户？来自市场？来自设计师？

三 在场意义

1. "在场意义"是什么?

"在场意义"是指"某一场景下人与产品的存在意义",其中"存在意义"是设计师主动构建的。

为什么特指"场景下"?因为任何产品与人的互动都是存在于某一场景下的,设计师是以塑造场景下的体验来驱动产品的创新设计的。

为什么是构建新的"存在意义"?因为任何人和产品的存在都是有特定意义的,从意义的角度来理解人与产品的关系可以让设计师摆脱"用户需求"的束缚。解决用户的需求是被动的、是单向的,而优秀的设计中注入了设计师对人与产品关系的更深入理解,它是要超出用户期待的、是要引领用户的,从而实现主动地构建新的"存在意义"。

一个典型的例子是星巴克咖啡。如果从用户需求的角度来看,用户在咖啡店里的需求一定是与咖啡相关的。而星巴克没有停留在如何研磨和冲泡一杯香浓的咖啡上,而是要搭建一个工作场所和生活居所之外的、温馨舒适的"第三生活空间"。因为老板舒尔茨洞察到在忙乱、孤寂的现代都市生活中人们每天例行的人际交谊活动逐渐丧失,而意大利人却可以在咖啡店小聚,即使不知道对方的名字也可以聊上几句。于是,舒尔茨把咖啡店装点成生活的"绿洲",塑造成人们休息、思考和交际的"第三生活空间"。整个空间的布局和氛围设计都是紧紧围绕这一主题展开的。这样的"在场意义"超越对香浓咖啡的用户需求,重新构建了"第三生活空间"的"存在意义"。

2.“在场意义”的表述

“在场意义”的表述逻辑是“谁，在什么样的场景下，获得了怎样的意义”，如图 9-4 所示。这其中包含了三个要素：人、场景和意义。而对每一个要素的描述都不应该是问题表面所呈现的，都应该是深入挖掘以后的本质表述。所以建议多用“动词、形容词去描述，而不用名词概念来直接阐述”。比如“场景”不要去用具体空间的名词来描述，像咖啡厅、中餐馆、会议室等名词可以转换为：能放松喝咖啡的地方、可以享用地道中餐的地方、大家讨论问题的空间，等等。而对“意义”的表述可以转化为用户有怎样的期待、会经历怎样的体验、对用户有怎样的价值和好处……对“在场意义”的表述不是一件容易的事，因为“在场意义”表述的背后是设计师对设计目标的洞察，需要设计师在后续的各个设计阶段中深入的思考和反复迭代。

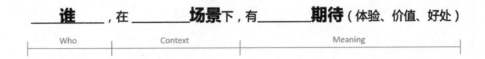

图 9-4 “在场意义”的表述

比如前面的星巴克咖啡的“在场意义”，如果你只是简单表述为：喜欢喝咖啡的人，在他附近的咖啡厅，喝到一杯香浓、地道的咖啡。这样的表述和一般的咖啡厅没啥区别，对设计师的后续工作也没啥启发。星巴克的真正在场意义应该表述为：现代都市忙乱、孤寂的人们，希望在家和工作场所之外，找到一个能让他们轻松交际、放松思考的空间。

注意“在场意义”的表述要尽可能开放，主要是描述出场景和意义的属性，而不是具体的解决方案。比如“咖啡厅”是一个限定死的解决方案，而“家和工作场所之外的空间”则给了设计师更多的可能性，是开放的表述。

3. "在场意义"的特征属性

"在场意义"是从战略层面来描述设计的方向，它是定下一个大的原则方向，后续的设计执行可以用它来判断取舍。

"在场意义"与其他产品和原有产品的"在场意义"一定要有区分度和差异性。

四 | 体验 or 产品

设计战略的制定是从"场景"的角度出发的；
设计执行层面建议从"体验"的视角来施行。

体验是人在经历一些事情过程中和事后的心理感受，这种感受是人与物（产品）、人与环境、人与人互动交流以后所产生的情绪反应。所以，从体验的角度可以更好地理解设计师所面临的设计对象系统，而不再是单一的产品设计。

从体验而不是产品的角度创新是一个很好的设计切入点。

假想你是一款运动 APP 的设计师，你很可能是从如何记录运动数据、提供运动指导、督促坚持运动的角度去设计这款 APP。而且，我相信目前大部分市场上的这类 APP 都是这样做的，可你的竞争优势在哪呢？产品的差异化如何体现呢？如果你能转换一下视角从"体验"的角度来看看运动过程中的各种体验，一个很明显的问题就出来了，很多运动都是让人感觉很无聊的，比如在操场跑步、在健身房拉动各种器械，尤其是当人感觉疲劳时这种无聊的感觉体验会更加突出。那么，去改变这种无聊体验就是一个很好的创新机会。喜马拉雅 FM 这款电台 APP 也刚好发现这个需求，打开 APP 的启动页上曾显示如图 9-5 所示的推广图。

图 9-5　喜马拉雅的应用场景拓展

　　这是喜马拉雅 FM 拓展自己应用场景的一种尝试。我自己在跑步时就是在用喜马拉雅听《盗墓笔记》，运动与刺激的完美结合！

五 设计定义

设计定义是将"在场意义"清晰化、具体化！但这一过程不是一蹴而就的，设计定义是逐渐清晰的过程，设计师要习惯在模糊的状态下寻找设计的方向——设计定义。这里主要从用户定义、场景定义、产品定义、市场定义和商业模式定义五个方面来细化"设计定义"。

1. 用户定义

用户的定义主要是弄清楚有哪些细分用户群体，每一用户细分群体的特征是什么，他们分别对公司有怎样的价值。

具体阐述可以参见第一章中"确定用户是谁"的相关内容。

2. 场景定义

对于场景的定义我们是从宏观、微观和心理三个方面来阐述的。

1）宏观场景：这里主要是从整个社会趋势上来看其对产品搭建了怎样的时代背景。比如当前移动互联网的发展使得人们在获取信息门槛降低的同时也面临着海量信息的淹没，这样的时代背景使得人们越来越希望只获得与自己相关的信息，无关的信息尽量少干扰自己。于是在各种新闻类APP中都出现了根据用户的阅读习惯来推送相关新闻的功能，甚至成为标配功能。

2）微观场景：这里主要是指问题发生时的场景。具体可以参见第一章的"用户场景描述"的相关内容。

3）心理场景：心理场景主要是指用户在面对现实环境时会在头脑中映射出怎样的心理模型和期待。比如，人们看到一个开关上面有一个下凹，人们会习惯地认为那是可以往下按的；而当人要进入某一场景中时，比如会议室，其对整个会议室的环境和氛围也是会有一个心理预期的。这种心理映射出来的场景对用户的行为影响极大，设计师要重点关注，推荐看看唐纳德·诺曼所写的《设计心理学》系列丛书。

3. 产品定义

产品定义是具体描述出产品是什么样子，包括产品特征、品质感和产品具体参数的定义。

1）产品特征定义：特征是形成产品之间差异化的主要手段，设计师的主要任务也是在塑造产品特征。而特征的凸显一定是对比的结果，产品要么是与竞品对比、要么是与过去的自己对比，从而找到自己的新特征。所以，这里我们借用"比较优势"的概念来阐述产品特征。在商业活动中一个重要的基本原则便是创造产品的"比较优势"，跳出产品的范围看产品也刚好给了设计师这样的一个机会来确认产品的"比较优势"是否达成。这里的比较优势包含如下三个层面或者视角。

- 相较于竞争对手的比较优势

我的产品质量比你好、我的设计品质比你好、我的服务比你好、我的性价比比你高……这些都是最容易想到的比较优势。但并不是所有的方面都是由设计师掌控的，有些是由其他部门主导的。在这里设计师要清晰地知道自己的工作范围，并在这些范围内努力打造产品的比较优势：产品的设计品质是否足够好？产品的可用性是否高效、准确……

同时，要注意的是产品所具有的优势是否能够转化为用户所认同的价值才是最关键的"比较优势"。不能被用户所认同的比较优势等于零，甚至是劣势。比如小米手机的比较优势是性价比高，这一点是能够打动很多安卓手机用户的，但这在苹果手机用户的眼里是没有太多意义的，因为他们更在意产品的品质感而不是性价比。设计师要把产品与竞品在竞争中所体现出来的"比较优势"转化为目标用户所认同的价值，从而形成目标用户的首选，这是设计师首先要思考的。

- 相较于整个产品线的比较优势

任何一种产品门类都会对产品线进行区分：手机有高、中、低端的分类，汽车有 A 级、B 级、C 级、SUV、MPV 等的划分。这里需要设计师思考的是与其他分类中的产品相比较你的产品是否有足够的特征与其他类别相区分呢？这个问题的提出似乎有些怪，我设计的是低端产品，又不跟高端产品竞争，有必要去比较它们之间的"比较优势"吗？但用户真的这么想吗？

其实这个问题是让你从另外一个角度来看产品的比较优势。前面是与同类产品的比较优势，可以说是"场内"的竞争，而这里强调的是与不同类产品相比较所体现出来的特征，这便是从"场外"的角度来看产品的比较优势，是在不同的维度上看。这样做的目的是让消费者能够更加清晰地意识到你的产品特征的含义。比如，苹果的 iPhone 定位于高端，其通过系统的封闭来打造手机使用过程的流畅性，而小米的"为发烧而生"则通过让发烧友刷系统来提高安卓系统的流畅性和人性化。即便你的手机流畅性比其他安卓手机强，但在用户内心中及其潜意识层面的期待仍然是以苹果的"流畅性"为标的的。借用高端产品的优势来移植到低端产品是设计师经常用的一个设计手段，不然"高端的品质、平民的价格"也不会成为促销员最常用的口号了，只是设计师经常用"设计趋势"这样的词来加以掩饰罢了。

在这里设计师一方面可以按照当前的产品分类打造自己的产品特征和比较优势，另外的一种思路便是当前很流行的"跨界"思维，比如宝马的 X6 将轿跑与 SUV 混合打造出一个新的汽车门类，而其所具有的比较优势对于轿跑和 SUV 两条产品线都是具有杀伤力的。所以，打造比较优势千万不能只盯着竞争对手。

- 相较于公司内部产品的比较优势

公司内部一般都会有不同系列的产品线的，每条产品线都有自己的定位和特征，那么你当前设计的产品在公司内部有怎样的定位和特征设计师一定是要清楚地意识到，并在这种定位下努力发展出相较于公司其他产品的"比较优势"，说白了就是与公司中其他产品去竞争未来的发展空间。翻看艾克萨森所写的《史蒂夫·乔布斯传》中关于乔布斯当年设计"丽萨（Lisa）"电脑的那一段，非常真实地展现了存在于公司内部的所谓"良性竞争"。

所以，关于产品特征和比较优势不只是存在于市场上直接竞争的产品，它需要从整体产品系列和公司定位等多个角度加以审视和塑造。有特征也不是目的，产品特征塑造的目的是形成消费者认同的比较优势，这是商业经济中的一个基本法则，否则很可能是搞怪的东西。

2)"品质感"定义：品质感是设计执行时一个很重要的因素，在设计思维最开始我们就强调了这一点。但品质感该怎样去定义呢？毕竟品质感的捕捉和表述真的是一件很感性的事。在这里我们尝试从美学、行为和词语三个方面来解构"品质感"的定义。

- 美学的品质感

品质感最多的载体是"美学"，通过用户所认同的、适合产品应用场景的美学来塑造产品的品质感。美学可以拆解为形体、色彩和材质三种要素，其中形体分为体量感和轮廓线，色彩分为明度、纯度和色相，材质分为颗粒度和反光度（图9-6）。这种元素的拆解只是美学塑造的第一步，最为关键的是这些细节要素之间的"搭配比例"关系，其将所有要素搭配成一个有机的整体，并最终让人感知到"整体美感"。对美学感知力和表现力的训练到目前为止个人认为还是从包豪斯继承过来的"设计构成学"的各种训练课题，感兴趣的可以去看看这方面的书籍和训练课题。

图 9-6 设计的美学要素

美学品质感的表达在《天桥骄子》第二季第八集中也有很生动的设计案例。

- 行为的品质感

这里的行为既包括人的行为也包含产品的动作，它们都会带给人一定的感觉，如何提升这种感觉的质量就是行为的品质感所要设计的内容。比如，丹麦顶级音响品牌 B&O 是最早引入手势操作的，当你靠近机身时，触动了感应式开关，音响设备上玻璃门自动打开，CD 托盘升起，放入 CD，玻璃门缓缓关上，音响随之开启。这一系列由人的无意识行为所触发产品动作极好地传递了产品高端、智能化、高科技的品质感，相较于那些用按键按来按去的 CD 机产品的品质感提升几个档次。再比如，男孩子在青春期对抽烟感兴趣除了有叛逆的因素外，往往还是因为抽烟过程的每一个动作都透着一种帅气、成熟感，这种"行为"对人与产品关系的塑造至关重要。所以，从行为的角度来塑造产品品质感是提升产品体验的一个很好切入点。

- 词语的品质感

尽管品质感的定义是很难用言语表述的，但在这里还是建议尝试用词语来表现，一方面是词语会留有一定的想象空间；另一方面是词语会让前面的两种品质感的定义更加有整体感。设计过程中时时要提醒自己不能忘记"整体感"！

3）产品具体参数定义：在设计过程中总会有一些很关键的产品参数会较早明确，并成为后面具体设计上的一个很重要的指标和限制，因为这些指标很可能是产品特征的关键指标。比如，手机的重量不能超过多少克、笔记本的厚度一定要控制在多少范围内、电动车的提速一定要达到几秒之内，等等。尽早明确产品具体参数实际上可以帮助设计师确立明确的设计方向。

4. 市场定义

这里的"市场定义"与销售部门和营销策划部门所常说的市场不完全一样，其一方面与营销部门一样要定义市场格局和竞争情况，这可以让设计师清楚地知道未来产品的生存空间是怎样的，那里有多大的成长空间和怎样的竞争对手；但更主要的是要考量市场有没有约定俗成的产品标准和怎样面对这样的标准，这是设计师塑造产品特征的一个主要参考点。

1）市场格局

当前格局：当前格局是要弄清楚当前的市场可以被分成几块，每一块都有怎样的特征，大致的占比怎样。这些可以从相关市场研究公司的报告中获得。比如，从市场研究公司赛诺（Sino）发布的2016年上半年中国智能手机前20品牌销量报告中可以看到，以华为、OPPO和VIVO为代表的中端市场占了整个市场的38％，以苹果和三星为代表的中高端市场占16％，以性价比为代表的小米仅占9％，如图9-7所示。了解市场当前空间可以帮助设计师了解自己产品当前所处的位置和特征。

Brand2	201601	201602	201603	201604	201605	201606	总计
Huawei	7,902,423	6,766,000	7,149,362	6,753,104	7,086,777	8,122,056	43,779,722
OPPO	4,131,761	4,618,846	4,550,863	4,272,501	5,467,198	5,983,003	29,024,172
Apple	5,003,775	4,331,504	4,566,513	4,520,017	4,454,383	4,784,980	27,661,172
vivo	3,950,357	4,524,814	4,245,963	3,737,698	4,380,191	4,712,768	25,551,791
MI	3,949,546	3,809,203	3,938,542	3,570,167	3,727,789	4,663,757	23,659,004
Samsung	2,403,060	2,139,247	2,364,187	2,191,072	2,209,462	2,266,133	13,573,161
Meizu	1,923,832	2,016,969	1,727,652	1,534,827	1,738,572	2,305,191	11,247,043
Gionee	1,430,817	1,585,834	1,520,781	1,359,879	1,646,451	1,851,944	9,395,706
Letv	1,279,984	926,718	1,160,240	1,618,530	2,001,291	2,304,116	9,290,879
Coolpad	1,135,377	1,034,745	1,184,643	1,100,752	1,140,272	931,928	6,527,717
Lenovo	1,377,512	1,066,184	984,773	868,963	798,259	749,326	5,845,017
Lephone	751,411	502,371	651,293	740,153	909,110	957,226	4,511,564
xiaolajiao	628,779	517,476	612,614	685,538	721,554	725,879	3,891,840
360	579,205	576,083	613,613	536,696	473,501	483,884	3,262,982
ZTE	446,972	380,946	482,571	442,632	536,447	679,413	2,968,981
Hisense	465,877	273,280	307,914	298,486	328,699	340,508	2,014,764
koobee	270,358	273,170	285,705	259,608	300,417	308,295	1,697,553
CMCC	368,541	240,978	308,825	230,664	174,058	138,478	1,461,544
KOPO	177,795	173,476	248,170	212,002	298,837	258,346	1,368,626
TCL	458,415	305,574	253,853	134,734	101,355	83,585	1,337,516
其他	3,912,117	3,514,960	3,672,655	3,320,094	3,645,126	4,089,292	22,154,244
整体市场	42547914	39578378	40830732	38388117	42139749	46740108	250224998

国内智能手机整体市场（online+offline）Top20品牌销量情况-2016 H1

图9-7　赛诺（Sino）2016年上半年中国智能手机前20品牌销量排名

未来格局：这是基于"当前格局"的进一步分析。从上面的数据中我们可以看到以性价比为代表的小米下滑很厉害，根据市场研究机构 Strategy Analytics 的数据显示（图9-8），小米出货量在2015年还排在第一位，市场占比15％，而到了2016年的上半年小米竟然跌到了第五位。从这里我们可以看到中国"消费升级"的影子，高性价比不再是撒手锏，对高品质产品的需求才是未来的格局。

China Smartphone Vendor Shipments (Millions of Units)	Q4 '14	2014	Q4 '15	2015
Xiaomi	15.7	57.8	17.5	67.5
Huawei	11.9	41.3	17.9	62.2
Apple	13.4	31.1	15.5	49.5
Vivo	9.8	24.1	11.8	36.7
OPPO	9.6	22.3	10.8	33.2
Others	62.6	247.0	44.4	188.7
Total	123.0	423.6	117.9	437.8

图 9-8　Strategy Analytics 2015 年手机出货量排名

对未来市场格局的判断是设计师脑子中要有的一个概念，它会影响产品特征的塑造，尤其是在"概念设计"阶段，设计师需要找到产品的发展方向，这不再仅是依靠用户需求能够决定的，它需要设计师有广阔的视野和独到的设计见解来支撑。这种能力的培养不是依靠方法和设计流程，而是设计师在日常生活中对新技术发展好奇、对社会演变进程敏感和不停地思考来达成的。一个常用的思考方式是：思考事物在不同场景下的存在意义，即本书所说的"在场意义"。其可以帮助设计师真正理解新的技术、新的社会趋势、新的产品。

2）竞争情况

同类和异类竞争：俗话说"不是冤家不聚头"，奔驰与宝马、滴滴与快的、去哪儿与携程、京东与天猫……市场上永远不缺竞争的传奇故事。这些竞争主要是因其主营业务相似、目标用户群相似，我们称之为"同类竞争"。同时还有不同类产品之间的竞争，比如消费者很可能会在买手机还是买数码相机之间犹豫，这种竞争关系对于设计师来说似乎是不可控的，但其实设计师还是可以从用户的犹豫中发现用户当前的关注点和所认同的价值。

竞品分析：竞品分析是设计师常用的一种设计研究手段。设计师的竞品分析是从设计的角度来说的，不同于市场和营销部门从市场规模、成本、营销策略等方面的分析。其主要是弄清楚你有哪些竞争对手？竞品的"特征"是什么？未来产品应该具有怎样的竞争力？有怎样的竞争策略建议？具体的分析步骤参见第十章的相关内容。

　　3）约定俗成的标准

　　标准：任何一个产品门类都会有一个大的趋势，这种趋势渐渐就会成为一种约定俗成的标准。这种标准往往被最初的创新者或者产业中的强者所定义，很多时候这些标准是没什么道理可讲的，与用户需求和技术发展也没有太大关系。比如，智能手机基本被默认为一个长方形加四个圆角，高档汽车的仪表台中央要有一个复古的指针式圆表，LED电视一定是薄的且越薄越好，高级轿车一定要有日间行车LED灯，触屏手机屏幕边越窄越好，复古相机最好是旁轴的……

　　面对标准：面对标准只有两种选择，要么遵守、要么颠覆。设计师的第一选择永远是颠覆，如果时机不成熟就遵守。有着"颠覆"的设计信念，设计师才有可能激发出自己的最大能量，也才可能逼迫自己审视市场的每一角落，找到塑造产品特征的创新机会点。

5. 商业模式定义

　　从狭义的角度来看商业模式的定义也许不是设计师的工作范畴，因为商业模式关注的是如何让整个产品上下游产业链中的所有参与者共赢的效果。但随着很多产品的非物质化使得产品的上下游产业链被大大缩短，设计和运营环节的比重越加突出，所以商业模式也越来越成为设计师必须要考虑和加以设计的内容。

　　关于具体的商业模式的思考推荐由瑞士人亚历山大·奥斯特瓦德（Alexander Osterwalder）和比利时人伊夫·皮尼厄（Yves Pigneur）合著的《商业模式新生代》一书，其给出了一个"商业模式"的思考框架，大家可以用这个来定义自己的商业模式，本书就不再过多介绍了。

　　最后提醒一点，"设计定义"不是按照上面所列要点把每一个都回答一遍，应该理解为这是一份防止忽略某一方面的清单。"设计定义"的核心是要定义出一个有自己特征的产品来，所以这份清单是有所侧重的，关乎产品特征的那些方面要重点详细定义，其他的做基本定义即可。这样做的目的依然是让设计师知道自己的设计重点在哪里！

六 设计测试

"设计定义"可以说是在提出各种假设,"设计测试"则是在验证这些假设,两者往复循环,使得假设成分居多的"设计定义"变得越来越清晰、越来越肯定。

1. 设计测试的架构

设计测试主要测试两方面内容:设计方向和设计的可行性(图9-9)。如果方向正确、又可以执行,设计自然就不会有什么问题了。

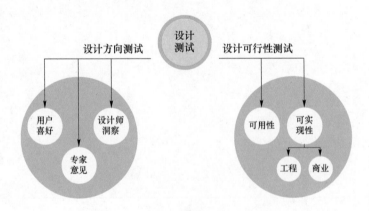

图 9-9 设计测试的架构

设计方向测试

设计方向的测试有三个角度:用户喜好、专家意见和设计师洞察。

用户喜好:其主要是将设计方案展现给用户,看能否得到用户的认可及认可的程度。用户喜好的测试需要注意的一点是尽可能用接近实际产品的测试原型来测试用户，不要让用户依靠想象来进行测试，这样的测试结果才会更有参考价值，因为用户想的往往和设计师想的相去甚远。

专家意见：这里的专家不是指学术上的专家，任何对你的产品很熟悉尤其是对产品的所在行业很熟悉的专业人士都可以称为专家，他们的意见往往是一针见血的。对于专家的意见采集主要是通过"访谈"的方法来完成的。

设计师洞察：还是老福特的那句话："如果我当年去问顾客他们想要什么，他们肯定会告诉我：'一匹更快的马。'"有些设计可能突破性太大，拿给用户和专家，他们很可能是理解不了的，也无法给你有参考价值的意见。所以，设计师要对自己的洞察力有信心，不要轻易地被用户和专家的意见带跑了。

设计可行性测试

设计可行性的测试包括两个方面：可用性测试和可实现性测试。

可用性测试：其主要是从人的生理和心理角度来验证产品的操作效率和准确性是否带给人良好的体验，这方面的测试是以科学实验为基础的，有较为客观的测试方法的流程。具体可以参考 Elizabeth Goodman，Mike Kunia-vsky，Andrea Moed 所写的《洞察用户体验：方法与实践（第 2 版）》。可用性的测试往往需要设计师制作"交互设计原型"，也就是真的能拿来让用户或者被试使用的设计原型，这样才可以测试产品的可用性如何。

可实现性测试：这里主要是从工程技术和商业运作两方面来验证产品的可实现性。工程技术的验证需要设计师提供产品的"功能原型"来交给工程技术人员进行验证。商业方面的验证可以使用《商业模式新生代》一书中所给出的商业模式分析模板来加以验证。

2. 设计原型测试

设计原型测试通过对用户使用产品场景的模拟和测试来帮助设计师探寻不同阶段设计方案的可行性和方向正确性，为设计师进一步深入发展方案提供依据。设计师会根据测试的需要制作各种设计原型（从较为粗糙的低保真原型到接近真实产品的高保真原型）来进行测试。设计原型测试可以运用在整个项目设计周期中，一般有功能原型、交互原型和风格原型（具体解释参见第五章和第十三章相关内容）。

设计原型测试的通用流程主要分以下几个步骤。

步骤1：确立测试的目标及问题假设。

步骤2：制作设计原型。设计原型不追求完整和完美，关键是要能把设计师的意图表达清楚，但要测试的部分要尽可能地接近真实产品，并保证被测试的人能够理解。

步骤3：设计测试的场景。这一步不能忽略，人在不同的场景下所表现出的行为是有很大的差别的，设计师要提前构想好要测试用户在多种场景下使用产品的行为方式。

步骤4：邀请用户（或用户扮演者）完成一系列的使用产品的任务，此时重点观察用户的行为而不是其语言。设计师根据用户的行为来进一步修改设计原型，不断地重复这样的测试过程，直到得出一个令人满意的、能够进入下一设计阶段的方案。

步骤5：整体评估测试过程中得到的结果，以保证测试的目的和问题假设得到了真正的回答。

设计原型测试需要注意以下几点。

- 设计原型的"最小可测化"原则。设计原型不一定是各方面都很完美的，只要能够完成测试目的即可，这样可以提高测试的效率和降低测试成本。

- "风格原型"则要尽可能接近真实的产品。风格原型包括二维的设计效果图也包含三维的实体模型，由于设计师的表现天性，其往往会把效果图和模型的某些方面进行夸大，以更加突出其想要追求的美学特征，如果是设计师之间的评审和交流这样是没有问题的，但对于用户来说这样的做法往往会给用户误导，难以得到真实的评价。

• 测试过程中多专注用户的行为，对于一些不太理解的行为不要中途打断，可以先记下来在事后通过访谈来进一步确认用户的真实意图。

3. 产品可用性测试

可用性测试主要用于验证产品在使用过程中的效率和准确性方面的问题，这牵扯到用户的感知（能否感知到产品所展现的各种信息）和认知（能否理解这些信息）能力。它一般用在设计后期已经有较为完整的产品概念的时候，但我们建议可用性测试可以更早一些引入到设计进程中，一些有特点的功能模块都可以更早地展开可用性测试。当然，其也可以用来作为竞品分析时的一项测试。

产品可用性测试主要分以下几个步骤。

步骤1：招募测试的被试。被试的选择要尽可能地是日后产品的主要用户，以保证数据对后期设计支撑的有效性。被试人数不一定太多，每次6～10人即可。

步骤2：明确要测试产品的功能特性，功能特性要尽可能地独立，这样有利于测试中数据的采集。功能特性的选择可以按照以下分类：

• 常用的基础功能特性
• 新的功能特性
• 不常用但重要的功能特性
• 容易出错的功能特性

步骤3：确定测试的任务流程和测试的指标，一些常用的测试指标是：

• 完成任务的速度
• 完成任务的时间
• 完成任务的数量
• 犯错的数量
• 犯错的时间
• 对任务完成的满意度

步骤 4：设计测试场景，以保证用户的行为更接近于正式的产品使用场景。

步骤 5：实施测试，并记录用户的各种行为及相关数据。

步骤 6：测试后访谈，测试中的被试是在怎样的情况下出现了错误？为什么出现错误？对各种信息是怎样理解的？为什么有这样的行为反应？……访谈重点关注的是用户的行为背后的原因及个人体验。

步骤 7：测试后数据分析，并从中提取出用户行为趋势。

4. 用户喜好测试

用户喜好测试有两种：一种是在设计前期的研究中研究用户的喜好倾向是什么；另一种是用设计师的具体方案来测试哪种设计概念是用户更认同的。对于前期用户研究中的用户喜好测试建议使用市场上现有的各种真实产品，而不要凭空去问用户喜欢什么。那种不是面对真实产品的想象，用户是很难表述的，同时设计师也很难理解用户的陈述。

后一种测试主要使用"风格原型"的测试。风格原型包括从二维的效果图到非常真实的产品外观模型甚至是用各种"虚拟现实"设备制作出来的三维虚拟模型，其都是在努力展示产品的最终真实效果。有了真实感的风格原型，用户的喜好意见才是更有意义的。"风格原型"的测试既可以测试早期的概念方向，也可以用来测试后期更为完整的设计方案。具体的测试流程如下。

步骤 1：设计概念定位。设计师根据前期的设计研究来提出未来可能的几个设计概念方向。这几个方向要尽可能覆盖未来的各种可能性，同时也要能够明确地区分出来。比如，有较为保守的概念，有突破性较强的概念，有复古一点的概念，有现代一点的概念……这种概念的选择要求设计师对产品的未来有一个初步的规划，从而选择几个他认为有可能的概念定位，然后再掺杂一些陪衬的概念以尽可能地覆盖多种可能，同时也避免用户猜到设计师的倾向性。

步骤 2：根据概念定位制作"风格原型"。如果是早期的概念可以使用效果图，如果是后期的方案建议制作更为真实的高保真风格原型。

步骤3：将风格原型展示给用户，让其从中挑出喜欢的原型，并为喜好程度打分。一般早期概念主要是测试用户的喜好程度，到后期较为完整的设计原型测试应更多询问用户是否购买的态度及购买的可能性。有条件的在这一阶段可以结合"眼动仪"来研究用户对每一风格原型的观察行为，其有助于更深入地了解到用户的浏览模式和注意力分布。

步骤4：整理用户的数据，并可以通过访谈来进一步确认用户喜好的原因。

5. 新产品发展战略评估矩阵

新产品发展战略评估矩阵（图9-10）是从动态发展的角度来看新产品的"在场意义"。

因为当前产品的开发周期明显缩短，不再像以往那样非要把产品打磨完美才肯正式推出，快速迭代成为开发的主流，这就使得早期产品往往只是具备主要功能，一些次要的功能可能会放到下一版的开发中。这种做法虽然可以降低成本，并能快速地到市场上验证产品的存在意义，但对于设计师来说他还是要规划好产品的未来发展战略。

在这个评估矩阵中包含了近期和远期战略："远期战略"是产品的终极目标，是产品的"初心"和项目不断推进下去的原动力，远期战略相对是静态的，一旦确定就不会轻易改变。近期战略分为一期和二期战略，是产品近期迭代的战略规划，这样一方面可以让设计师聚焦于当前的设计重点（一期战略），另一方面也可以帮助设计师保持开放的视野，对产品环境的变化保持警觉（二期战略）。近期战略会更多地响应于市场的反馈，是动态调整的。

此外，对发展战略的评估还要从企业内部和外部两个视角来加以审视。内部视角主要回答"为什么这款新产品会由你的公司推出来"，外部视角则是在回答"为什么在这样的时间点和市场环境下推出你的产品"。

内部评估的五个子项包含了公司和产品两个视角，并用核心竞争力来为公司和产品做总结；外部评估从宏观到微观分三个层面：产业趋势是从宏观的角度来看大趋势的；市场的机会与威胁是在描述当前的市场环境，属于中观；微观的就是具体的竞争对手和同盟者了。同盟者是一个比较有意思的概念，不是所有与你有相似目标用户的产品就一定是竞争对手，一些有相似理念的产品是可以考虑联合起来一起把市场做大的。最典型的就是麦当劳和肯德基，两者的店往往相距不到百米，似乎是白热化的竞争关系，但两者在一起实际上是压缩了周边的其他快餐店的发展空间。

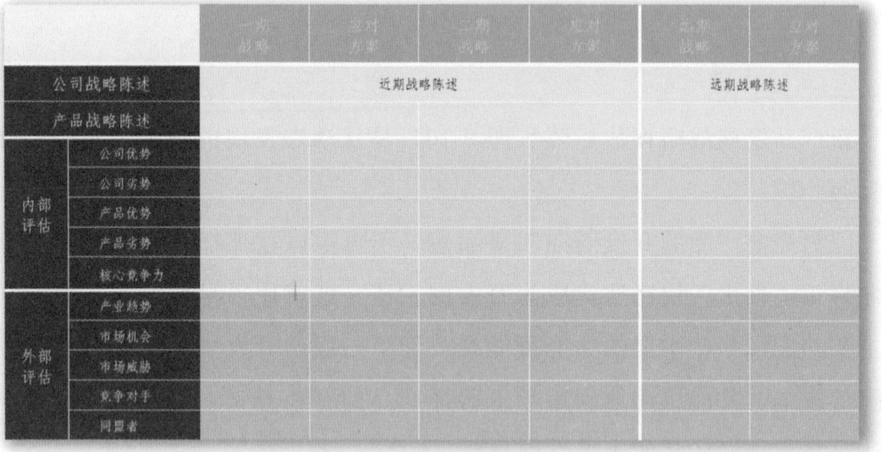

图 9-10 新产品发展战略评估矩阵

6. 商业意义检验矩阵

商业意义检验矩阵（图 9-11）是通过与竞品的对比来进一步检验新产品的竞争力的方法。

在这里将商业意义分解为比较优势、提供的价值、盈利模式、核心竞争力和成本分析几个要素。这些要素与前面阶段所确立的"产品存在意义"密切相关，重点还是在检验"在场意义"是否真的能让新产品在与竞品的竞争中确立优势。这些要素设计师也可以根据需要有所增减。

	新产品		竟品	
用户细分	用户A	用户B	用户A	用户C
比较优势				
价值认同				
核心竞争力				
盈利模式				
成本分析	工程成本			
	时间成本			

图 9-11　商业意义检验矩阵

用户细分：任何产品都不会只有一类用户，对用户细分有利于用户不同价值观的呈现。此外，新产品和竟品的用户群也不会完全重叠一致，出现的细微差别往往会意味着新的机会出现，甚至设计师要有意地寻找不同的用户定义，这里展现了设计师对用户新的理解。

比较优势：新产品的比较优势应该不止一个，并可能对应到不同的细分用户，这样可以更加清晰地知道细分用户的着眼点在哪里。同时，这一点也为后期的精准营销提供了支持。

价值认同：比较优势是从产品的角度来描述的，价值认同则是从用户的角度看产品给用户带来的收益。将产品的比较优势转述为价值是很重要的，价值是将比较优势进一步提升和转化为用户容易理解和认同的表述，这样做可以帮助设计师更为准确地理解用户。比如，一款产品性价比比较高，那么用户是因为经济能力有限才购买呢？还是更认可适度消费的理念呢？又或者是对其生活影响大的一定用好的，影响不大的就用性价比高的呢？这些不同的价值观会最终反映在用户的行为上，设计师要仔细把握用户的最终价值取向才能赢得用户的青睐。

核心竞争力：在众多的比较优势中是什么决定了新产品相较于竞品的竞争优势？这是整个设计团队，甚至整个项目组的成员都要非常清晰的问题。核心竞争力是在与竞品的比较中凸显出来的，未必是用户最为认同的那一点价值。比如，小米手机诞生之初与其他手机相比最大的竞争力来自于"高配＋低价"，而对于用户来说这只是一方面，更多的口碑来自于小米与米粉的互动所带给用户的被尊重感，进而是价值认同感。两者相互补充。当然，更多时候产品的核心竞争力和用户的价值认同基本是一致的。

盈利模式：直白地说盈利模式就是新产品怎样为企业带来实际的经济效益。设计师通过打造产品的竞争力来为企业获得盈利，而盈利模式的视角是高于产品层面的，其要把产品上、下游的产业都纳入到盈利模式的创新思考中。但随着产品的非物质化、服务化的倾向越来越明显，使得产品的产业链急剧缩短，互联网公司几乎就没有太多的上、下游配套企业，这给盈利模式的创新带来更多的机会，设计师也更有机会参与到盈利模式的创新中。具体的方法可以参考《商业模式新生代》。

最后需要提醒的一点是：设计测试看起来是一个很科学的过程，人们会下意识地更愿意相信其结果的，但在这里我们还是要强调设计师依然要保持自己对设计方向和细节设计的判断力，哪些要遵从测试的结果？哪些要坚持己见？都是要有自己的判断力。因为，设计中的很多东西都不是受单一因素影响的，而设计测试中为了结果的准确往往会限制测试过程中的影响因素，这样使得测试结果的应用面有限。当设计问题过于复杂时，甚至很难进行测试时，设计师还是要更听从自己的直觉。实际上，真正的终极测试是产品推向市场那一刻才开始的。

第十章

发现意义

对于设计师来说设计始于寻找产品创新的各种可能性，这些可能性虽可能是碎片化的、偶然的，却一定是鲜活的、打动人心的，是设计开始的"初心"！不忘初心！

一 发现意义的目的

在发现意义这个阶段，设计师要根据当前产品的状态，为产品寻找未来发展可能的各种方向。这时的方向较为宏观也比较模糊，需要后续几个阶段来帮助验证。

二　发现意义的要点

1. 发现意义的视野要广

"2013 年 9 月诺基亚卖给微软的最后一次新闻发布会上，他们的老总就讲了一句很让人心疼的话。他说我们其实也没犯什么错，但是不知道怎么就输了。"——《罗辑思维：迷茫时代的明白人》

设计真的不能只盯着用户的需求和痛点，技术的升级、社会环境的转变、经济的发展等诸多因素的转变，都会改变产品的生存空间，都会改变产品的原有意义。

诺基亚的问题是其对信息时代人们如何在移动端处理信息的解读不够深入。2007 年苹果推出智能触屏手机之时，诺基亚正在全力推广全键盘智能手机（塞班系统）。但想想人与信息的互动只有两种：查看信息、处理信息，而在移动端是以查看信息为主的，全键盘和传统手机键盘都占据了大量的信息显示的空间，而触屏刚好解决了信息显示与实体键盘间的矛盾。如果能早点意识到这一点，诺基亚也许不会太过坚持对全键盘支持更好的塞班系统。你也许会说这是否刚好印证了"用户需求"的重要性？但实际上用户是很难提出这种需求的，想想当初人们对苹果触屏的嘲笑。

"苹果花了这么长时间才搞出一台 iPhone，你们看看三星和摩托罗拉，几个月就能出来一台新机，哈哈，他们真的是在创新，真的是让手机越来越好。对不起，我发短信喜欢用实体键盘，我可不想在什么触摸屏上打字。"

设计师应该具备从社会的发展趋势上反过来理解用户真正的需求的能力。所以，这一阶段最主要的一点是不能局限自己的视野。看到任何新的事物、新的变化都要先搞清楚它是怎样产生的？它对于用户的意义是什么？放在当前的经济、技术、社会的大环境之下又意味着什么？这有一点点"让鱼看到水"的意味。

2. 意义发现的三个来源

用户的需求、商业竞争的压力和未来趋势都可以转化为产品创新设计的触发点。

用户的需求：用户的需求是最容易被识别为产品创新设计的出发点的。用户需求对应着用户的一系列痛点，解决了用户的痛点用户自然会愿意为产品买单。

商业竞争的压力：创新设计的成果——产品最终是要走向市场与竞争对手厮杀的。要想在竞争中获得足够的市场份额，必须根据竞争对手的特点来调整自己产品的特点和比较优势。正是这种竞争的压力使得新产品的创新机会得以浮现。

未来趋势：还是汽车大王亨利·福特的那句名言："如果我当年去问顾客他们想要什么，他们肯定会告诉我：'一匹更快的马'。"为什么用户只知道"快马"？因为用户的痛点将他们的视角限定在当前的问题场景中，他们很难跳出眼前场景去寻找"汽车"这种新的事物的。而对于设计师来说，不能被眼前问题限制住，他要保有广阔的视角，对经济、技术和社会的变化趋势十分敏感，这样才能顺趋势而动、创造需求和引领潮流。

吴晓波在他写的《腾讯传》中写到这样的故事。

马化腾在 1998 年创建腾讯时的第一个产品是"BP 机＋互联网"的系统，他设想人们可以通过 BP 机来订阅互联网上的各种新闻或者股票信息，想想当时几乎全中国每个人的腰上都挂着一个 BP 机，这将是一个多么有未来的伟大产品。但没过多久另一个重要的通信工具——手机开始出现并普及，BP

机随之突然消失了，"BP 机＋互联网"也注定没有了未来。这个产品的失败印证了未来趋势对产品发展的意义。

接着马化腾的团队发现了一个以色列人发明的产品 ICQ，这是一个即时通信工具。受到这个产品的启发，腾讯开发出了伟大的产品 QQ。可以说是 ICQ 这个"竞品"帮助腾讯重新找对了未来方向。

但腾讯并没有停留在简单的模仿上，而是快速地根据中国人对即时通信工具的需求做出了本土化的创新。当时中国人接触互联网的方式与国外有很大的不同，因为经济能力的限制，大部分中国人没有自己的电脑，上网只能通过"网吧"，在网吧这种场景下，每个人都不太可能有自己固定的电脑，而当时的 ICQ 及其他类似的即时通信工具将所产生的聊天内容都是存储在本地电脑中的，这样当你下次在网吧用另外一台电脑上网时，以前所有的聊天记录都不见了。于是，腾讯在技术的底层做了一个最大的创新，将所有的聊天记录都存在 QQ 的系统服务器中，而不是网吧的电脑上。这样聊天记录就随 QQ 的登录而走，并可以发送离线信息了。这种设计很好地满足了当时场景下用户的需求。

从腾讯最开始的创业历史中我们可以清晰地看到用户需求、竞品的启发和未来趋势对产品开发的影响和贡献。设计师的设计视野也要从这三方面展开。

3. 设计无起点

设计流程的第一个阶段"发现意义"是处在一个非常开放的状态中。

即便没有设计任务时，设计师也应该让自己在寻找和发现创新机会点的状态下，随时保持对各种设计资讯的敏感性，这样才能不断地从生活中汲取设计的灵感和新的理解。从这个角度来说"设计是没有起点的，设计也是没有终点的"，只是设计项目有起点和终点。

强调设计无起点，也是为了突显设计师的职业状态和专业化能力。设计无起点的另一层意思是在整个设计流程中，任何一个阶段都有可能成为设计的发起点。

三　发现意义的工具

1. SET 因素分析

SET 是社会（Social）、经济（Economic）和技术（Technological）三个单词的缩写，是《创造突破性产品》一书中提到的一种用于识别产品创新机会缺口的分析方法，它要求不断地对社会趋势、经济动力和先进技术三个方面新的变化趋势进行综合分析研究，以寻找新的产品机会点。有的书中也称之为 PSET，即增加了一个政治（Political）因素。

SET 因素分析是一个偏宏观的设计分析工具，其并不只是用于设计项目开发，还是设计师提升自身设计素养、拓展设计视野的一种很好的方法。建议设计师的电脑和手机等移动端电子设备中始终都存有社会、经济和技术三个文件夹，每浏览到相关的信息就存储到相应的文件夹下，等过一段时间再把每一文件夹下的信息进行回顾和整理。

2. 竞品分析

竞品分析是通过对竞争对手的研究来为自己产品发展进行规划的一种分析方法。其主要应用在设计项目的前期。它要描绘清楚你的产品有哪些竞争对手？它们的"特征"是什么？未来的产品应该具有怎样的竞争力？有怎样的竞争策略建议？具体分析步骤如下。

步骤 1：明确竞品分析的目的

竞品分析主要通过了解竞争对手的状况来寻找未来的设计趋势或者新产品的未来机会点在哪里。所以，要明确竞品分析的关注点不是现状，而是未来！

步骤2：市场布局分析

把目前市场中所有产品大致罗列出来，然后对其进行分类，从而弄清楚当前市场中大概有哪几类的产品，每一类产品的大概市场份额、排名是多少。

步骤3：寻找合适的竞品

根据前面的布局来挑选与自己产品竞争关系高的合适竞品，行业领先者的产品一般也会出现在所选的竞品中。

步骤4：竞品用户分析

分析每一款竞品的用户构成，包括核心用户、主要用户、一般用户的特征和比例。

步骤5：竞品功能分析

分析每一款竞品的功能构成，包括主要功能、次要功能、潜在功能等。

步骤6：竞品设计风格分析

从形态、色彩和材质搭配的角度分析每一竞品的设计风格是什么。

步骤7：竞品特征分析

这是根据前面两个步骤进一步归纳出竞品的核心竞争力是什么。

步骤8：竞品分析总结

根据前面分析找到哪些竞品的特征代表了未来的发展趋势，哪些方面当前的竞品还没有满足，进而确立未来新产品应该具备哪些特征。

3. 同理心（Empathy）

老亨利·福特在说了那段关于"一匹快马"的经典名言的同时，也说了这样一句引人深思的话，"成功的秘诀在于把自己的脚放入他人的鞋里，继而用他人的角度来考虑事物，服务就是这样的精神，站在消费者的立场去看整个世界。"

这就是同理心！

同理心要求设计师转换视角站在用户的角度去理解用户、经历用户的体验、感受用户的心情。同理心说起来容易，但真正做起来并非那么简单。因为即便你想站在用户的视角去体验，但用户很多时候的行为是下意识的反应，这就不是单纯地转换视角就能体验得到了。美国设计师 Patricia Moore 在她26 岁的时候乔装成八十岁的老婆婆，戴上令景物变模糊的眼镜，用绷带缠身以使身体前倾，穿上不平的鞋令自己寸步难移，塞住耳朵减低听力……以种种方法让自己得以体验何谓"又聋又瞎"（图 10-1）。在此期间，她甚至被一群野孩子殴打至半死。这种出格的考察方法使她被选为全球四十位最具良知的设计师之一。

(1979—1982)

图 10-1　Patricia Moore

"当我是老人时，曾去过一间餐厅。简单一顿饭的体验也令我面对无数困难：座位太高，我连爬都爬不上去；灯光太暗，我完全无法阅读餐单……即使我有钱也无法花，从商业角度而言也是一大错误。"

虽说此前我们并不主张一切听用户的和过度地以用户为中心，但不可否认的是从用户的视角来看问题的确是可以帮助设计师发现很多产品创新的机会点的，对于用户的感受和经历设计师也必须是要重视的，尤其是要重视后面的设计原型测试中用户的意见反馈。

同理心是设计师的一个基本设计素养。

第十一章

场景挖掘

一 场景挖掘的目的

上一个阶段是从多种视角来寻找创新的"机会点"的，场景挖掘是从"场景"的角度进一步地深入挖掘，以期获得对"机会点"的真正理解。

此阶段的挖掘成果会使得在场意义和设计定义逐步清晰：什么样的人？在怎样的场景下？因为什么？使用了什么产品？产生了怎样的行为？这又给人带来了怎样的意义和价值呢？

其中场景是挖掘的主线，因为场景是意义的综合载体，场景中的人、行为、产品、环境都是实现意义的要素和手段。虽说此时还不能完整、清晰地给出"设计定义"，但这一阶段就是要弄清楚我们具体要设计什么，是上一阶段宏观机会点的微观具体化。

1. HAY 的场景

HAY，我来了，你怎么还在买宜家？（图 11-1）

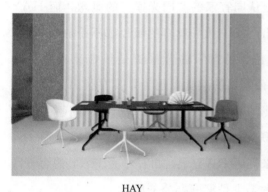

HAY

宜家

图 11-1　HAY 与宜家的场景对比

"HAY"是 Rolf Hay 在 2002 年创立的一家年轻的丹麦家居饰品品牌。有人称之为"家具界的 ZARA"，主打小清新和多样化的快设计。目前，HAY 已经成为全球成长速度最快的设计品牌。与多数北欧家居品牌一样，它有着简洁实用的特征，但五彩的配色让它显得明亮活泼，已经不是传统认识里"冷淡"的北欧风。

看到这样的介绍你会有怎样的感觉？再想一下同样是北欧风格的代表"宜家"，你又会有怎样的感觉？

我第一眼看到 HAY 的时候还是很有距离感的，甚至感觉 HAY 是有一点点"阴暗和忧郁"的，尽管当时我还不能说清楚为什么会有这样的感觉，但这种感觉让我很疑惑。一方面我的感觉与各种文字的报道其多彩的配色更加活泼的感觉很不一样，另一方面也与我从宜家身上感受到的北欧那种自然和充满阳光的"家"的感觉很不一样。如果你仔细回想一下，宜家的各种宣传图片中屋子里一定是阳光明媚的，而 HAY 的背景则大都是灰色、低调的，这样做似乎是为了更突出产品本身，但让我感觉不到那种"家"的温暖和自在。所以，我的第一感觉是不太能接受 HAY 的风格。

放下这事，过了几天，我突然明白问题出在哪了。宜家对"家"的定义已经深深地印在我脑子里了，因为来自东北的我同北欧寒冷地方人们对阳光和温暖的渴望是一致的，所以我会很认同宜家的"阳光家"的概念。而 HAY 所给出的官方图片中也许是为了突出产品，几乎所有的照片都不是放在"家"的场景里拍摄的，尤其是那些"灰色、低调"的背景更是很难让我感受到"家"的味道，反倒是有一点点"办公室"的感觉。因为，现在很多办公空间往往会把墙壁、天棚等的原始的水泥"灰色"故意留在那里，不作任何装饰，以显示原始、粗放、自由的理念。联想到这里，我对 HAY 的好感增加了许多，因为我开始从"办公"的场景来理解 HAY 了，再仔细看 HAY 的官方图片，真的有很多很像办公空间，或者至少是家庭办公的感觉。

上面这些只是我的个人感觉，你的感觉也许不一样。但这里想要说的是：事物要想被真正的理解还是要还原到其使用场景中来的。所以，对于上一阶段所找到的"意义"创新机会点是要从"场景"的角度来做进一步的挖掘的。

2. 场景的挖掘层次

在第九章关于"设计定义"那部分内容中我们提出场景有三个层次：宏观场景、微观场景和心理场景。它们分别对应着产品所存在的时代背景、当前的使用情景和用户的心理模型。设计师对场景的挖掘实际上是从这三个层次来探寻产品的存在意义。

宏观场景：当我们盯着产品看时，往往会像"鱼儿看不到水"一样，看不到时代烙印对产品的影响，但时代的背景对产品的影响却又是实实在在的。

比如，界面设计中的"从拟物化向扁平化转变"趋势表面看是极简风格的再起，但本质上来说却是信息时代信息过载的结果。大量的信息需要呈现，如果在每条信息上再叠加"拟物化"的信息将使信息的获取和传播成本大大增加，不符合信息时代的要求。上一章用到 SET 因素分析是一个很好的工具，它可以有意识地引导设计师进行多角度综合思考。

微观场景：微观场景中的核心是"用户"，通过对用户的行为、目的和周边环境的研究来构建合理的产品使用情景。第一章中提到的各种用户研究的工具可以用到微观场景的挖掘中来。

心理场景：一个人的成长经历和知识体系构建了一个人的心理模型，这些模型决定了一个人认知事物、分析事物、解决事物的思维模式，这种思维模式便是人的心理场景。心理场景的挖掘涉及很多认知心理学的相关内容，这里推荐由认知心理学家唐纳德·诺曼所写的《设计心理学》系列丛书，里面有很多的设计原则可以设计时参考。

宏观场景实际是在考量一个产品的战略方向是否正确，微观场景和心理场景则是在分析战术是否可行。但三个层次场景的挖掘最终目的还是要回答那个终极问题：产品的"在场意义"是什么？

3. 场景挖掘的三个视角

同"发现意义"一样，在挖掘不同层次的场景时，可以从叠加用户、竞品和设计师三个视角来进一步细挖场景意义。

触摸屏为什么是智能手机的最好选择？

从宏观场景来看信息时代决定了信息量一定是"爆炸式增长"的，手机中所承载的信息量也越来越多，用户需要看到越来越多的信息；而竞品是功能机，它们脱胎于传统电话，其所承载的信息主要是与通信相关的信息，与信息时代的要求有一定的差距；于是，作为最具洞察力的"设计师"，乔布斯发现了"iPod＋Phone＋Internet"所代表的新的意义——Smart Phone（智能手机）。

从微观场景来看，在 iPhone 出来之前已有智能手机，但这些手机都长得有点像 PC，因为他们跟 PC 一样有个键盘，在手机那么小的设备上有个键盘？甚至"黑莓"手机就是以此为特征的；用户面对这样的键盘是什么感觉呢？指甲要长一点、尖一点？屏幕为了键盘空间也只能小一点！这与宏观场景中需要查看和处理更多信息量是难以调和的矛盾；而设计师是不会马上陷入这样的问题场景中的，他要思考"iPod＋Phone＋Internet"背后真正有价值的是什么。不是 iPod、不是 Phone，而是 Internet！是 Internet 上的信息最大化的获取！是屏幕显示的最大化！能够满足这样的技术要么是手写笔屏幕，要么是多点触摸屏，而对于用户来说哪种更易用呢？应该是从来不会丢的手指＋触摸屏这种以前从没有手机使用过的新技术了。

从心理场景来看用户对实体按键是更为熟悉和认同的，所以触摸屏上的虚拟按键应该有类似实体按键的反馈（震动＋声音）；滑动的操作行为用户虽没在以前的手机中见过，但却可以很容易对应到现实生活中的行为，在理解上也不存在太多问题；最主要的是手指的灵活性让人可以做出很多自然的、下意识的操控动作，这是最容易与人的心理模型建立自然的映射关系的途径了。

上述的分析并不是苹果设计师的真正设计过程，而且有很多的主观猜测成分在里面，但这种多层次、多视角的分析却可以让人更好地理解优秀设计得以存在的合理性和其自身的价值。

三 | 场景挖掘的工具

第一章所谈到的"用户研究"的工具：观察、访谈、用户细分、人物角色构建、场景描述等和第十章中的"竞品分析"都可以作为场景挖掘的工具。它们都是为了构建"在场意义"和细化"设计定义"的各项内容而服务的。接下来介绍一些其他工具。

1. AEIOU

AEIOU 是活动（Activities）、环境（Environments）、交互（Interactions）、物体（Objects）和用户（Users）5 个单词的缩写，设计师在挖掘场景时可以从这 5 个方面观察、记录和分析，其相当于一个研究框架。

活动（Activities）是由一系列目标导向的行为构成，用户完成某一任务的流程是怎样的？是怎样的子目标决定了用户的每一个行为？

环境（Environments）包括了时间、地点、灯光、气味和整体的环境氛围，甚至环境中存在的各种其他的人。人的行为是很容易受到环境影响的。

交互（Interactions）是人与人、人与物之间的交流和互动，这里主要关注互动过程中的各种信息是如何在人与人和人与物之间流动的。

物体（Objects）往往是场景中的各种活动的媒介物，其功能决定了其在整个场景中所扮演的角色。

用户（Users）是场景中被观察的人。其是什么样的人？在场景中扮演怎样的角色？人与人、人与物之间是怎样的关系？人拥有怎样的价值观和喜好？

这 5 个元素不是孤立的，它们相互依存和制约，共同构成了一个场景。

2. 场景信息价值分析（CMVCM 分析）

通过观察、访谈等设计研究方法，我们获得了很多关于场景的信息，但怎样由这些信息生成清晰的设计方向，即使是对最富有经验的设计团队也是一个巨大的挑战。场景信息价值分析针对具体的微观场景从"信息流"的角度来分析各种信息对用户的价值，并协助"设计定义"的生成。

场景（Context）：挑选对项目设计关键的场景，从人-物、人-环境、人-人 3 种角度来分析场景中存在哪些互动关系。

信息流（Messages）：针对每一互动关系分析信息是怎样流动的，即仔细分析人会输出和获得怎样的信息。

价值判断（Values）：用户对这些输入和输出信息的价值是怎样判断的。

概念设计（Concepts）：针对这些价值设计师提出新的概念设计。

新意义（Meaning）：新的概念设计对用户来说有怎样新的意义？尤其是物品、环境这些设计师所设计的对象对用户有怎样的意义？这些会直接影响后续的设计和设计定义。

场景信息价值分析并不是停留在分析层面，而是更强调分析以后的信息价值重建。所以重点是最后的"概念设计"和"新意义"两步。

第十二章

概念设计

一 概念设计的目的

"发现意义"和"场景挖掘"可以说是在发现和定义设计的问题，接下来的两个阶段是开始解决前面所定义的问题。其中，"概念设计"是在寻找解决的方向，"设计体验"是具体解决。前者是宏观和发散的，后者是微观和汇聚的。

举个例子来说吧，我们可能在前面的两个阶段发现跑步时人会感觉很累很枯燥，这会是初期导致很多人坚持不下来的重要原因，所以新产品的在场意义是：为刚开始跑步的跑者营造新的跑步场景，以解决跑步过程中的疲劳感和枯燥感，让其感受到跑步的乐趣。

"概念设计"就是先看看有哪些可以尝试的方向，比如，设计一些游戏来减少跑步过程中的枯燥感；也可以用音乐、故事来转移跑者的注意力从而减轻疲劳感和枯燥感；又或者用其他更富经验的跑者的陪伴和指导来帮助你合理地分配体力从而疲劳感……。但上述这些方法都只是一个大概的设计方向，是没有具体的设计细节的，比如说具体怎样的游戏？具体怎样的音乐和故事呢？以及怎样引入一个有经验的跑者来陪伴呢？这些具体的细节环节是在下一个阶段"设计体验"要完成的。

二 | 概念设计的要点

1. 方向的选择比努力更重要

这是一句很鸡汤的话，但对于设计师来说"方向感"确实是很重要的一种设计感觉。这不仅仅是因为正确的方向不会让随后的努力付之东流；更是因为方向的选择是需要冒风险的，尤其在很多问题细节还没有落实之前，你是很难判断这个方向是否正确的，此时也没有过多的客观数据来帮助你作抉择。这时设计师就要充分地调动自己的各种感受能力，去寻找最能打动你的、最让你感兴趣的方向去作进一步的深入设计。并通过不断地尝试来进一步了解每个方向的可能性，这样的过程需要一定的经验积累和平时对设计感觉的培养。

在这一阶段设计师应该留有更多的时间来探索创新的可能。

2. 避免过早进入细节的设计

碰到问题人类的正常反应就是想办法解决，当然也可能是陷入害怕的情绪中，但不管怎样这两种反应结果都是陷入细节——解决的细节、害怕的细节中，而无法从整体上分析问题并寻找解决方向，这对问题的真正解决帮助不大，因为它们都会让设计师陷入"头痛医头，脚痛医脚"的困境中，设计师要具备的是跳出问题看问题的能力：看清楚问题的存在环境、看清周围事物对问题的影响因素，然后再深入到具体的问题细节中进行研究和设计。所以，在深入问题细节之前先把你的思维停留在"方向的判断"，也就是"概念设计"上是非常有必要的一步，它可以避免你过早地陷入"问题的细节场景中"而无法退后一步来整体地寻找问题的解决方向。这种方向的选择能力对设计师而言是非常重要的专业意识和专业技能。

3. 理性的分析，感性的创造

当我们分析一件事物的因果关系时，我们是在调用自己的逻辑思维能力，设计前面两个阶段很多时候就是在使用逻辑思维来寻找各种可能的设计机会点；但是当我们想要将找到的机会点转化为一个富有创造性的解决方案时，理性的逻辑思维可能是我们最大的绊脚石，因为事物的原有逻辑只能呈现出问题的现状，依据原有的逻辑你是无法推出一个新的逻辑的，否则逻辑也就不能称为逻辑了。也就是说在概念设计阶段设计师最需要做的事情是打碎事物原有的逻辑，并重新构建出新的事物逻辑。这样的过程可以说是没有方法逻辑的，思维更多的是发散的、是感性的、是跳跃的，而做到这点最好的工具就是"头脑风暴"。

4. 暂时忘掉在场意义和设计定义

有相关研究表明：当人知道有人要来评价自己的创造力时，人的创造力会明显下降。在场意义和设计定义实际上是一种评判标准，它会让设计师不自主地拿来评价自己的初步设计概念，这是不利于思维的发散的。

暂时忘掉在场意义和设计定义，集中精力去探索各种可能性，先追求数量，然后再用在场意义和设计定义去评价各种可能性。这样就是将想法的产生与想法的评价分为两个阶段，与头脑风暴的想法是一样的。

三 概念设计的工具

（一）头脑风暴组合拳

"头脑风暴"（Brainstorm）是一种激发人的思维发散、产生大量创意的方法。这一方法是由美国创造学和创造工程之父、美国 BBDO 广告公司（Batten，Barton，Durstine，Osborn）创始人亚历克斯·奥斯本（Alex Faickney Osborn）首创。"头脑风暴"原意是指精神病人的胡思乱想，奥斯本借用其义，将其转化为思想自由奔放、打破常规的思考问题的方法。

对于"头脑风暴"这一方法目前还是褒贬不一，有人认为其很好地解放了人的思维，但也有人认为其过于天马行空，产生的想法很难转换到实际的问题解决中。这里我们不去讨论谁对谁错，只是介绍常用的头脑风暴使用场景。

1. 准备阶段

1）对问题的提前了解

主持人一般要提前 2~3 天通知参与者头脑风暴的主题，以保证每一个参加的成员在开始之前都对即将要头脑风暴的问题有一定的了解。主持人可以提醒参与者要提前对问题场景的宏观和微观两个层面都有所了解。建议使用下面的两种分析方法。

问题宏观背景分析：SET

问题微观场景分析：5W2H

2）主题的陈述

主题陈述不能太狭隘或者暗示解决方案，比如"设计一个让办公桌上的东西分类放置的装置"，"设计一个能让电脑显示屏的高度更符合人机尺寸的支架"；也不能太以现有产品为模板，比如"设计一个能让办公桌整洁些的搁物架"；也不能太宽泛，比如"设计一个办公产品"。正确的问题陈述中应该包括用户、用户所面临的问题场景和用户的期待，比如"为程序员设计有助于高效工作、舒适、整洁的办公环境及周边产品，以提高工作效率同时减少程序员的职业病"。

3）图片、词语刺激

主持人事先准备几类词汇：技术热点词、网络热词、与目标用户相关的词汇、表示各种动作的词汇、表示各种环境氛围的词汇、表示各种情绪的词汇、表示各种人物形象的词汇……然后，用这些词汇在网上搜索相关的图片。

首先，这些刺激不一定是每次都必须用上的，一般是当参与者遇到瓶颈时，将这些图片和词语呈现给他们，帮助他们转换思路。其次，如果主持人希望能在某些方向上多有些产出，可以用这些方向的图片来引导头脑风暴的走向。

4）人数的控制

头脑风暴的人数基本上没有下限只有上限，哪怕你自己一个人也可以"风暴"一下的，事实上很多设计师在工作时自己思考的状态就是与自我对话的一个头脑风暴的过程。

头脑风暴人数的多少主要与当前的问题相关，如果需要多种观点的碰撞，那么人就多一些，参与者专业背景也尽量不一样。如果问题比较明确，甚至需要一些专业背景，人少一些也没有问题。需要注意的是，太过于专业的问题是不适合头脑风暴的。一般情况下人数最好控制在5~9人，不要太多，也不要太少。人太多每个人都陈述自己的想法会导致整体时间延长，后期注意力不容易集中容易疲劳；人太少会导致想法过少，给每个人带来的压力过大。

5）时间控制

一般在1个小时左右，太长了人就很难保持注意力集中了。如果需要两轮的头脑风暴可以延长到1.5个小时。

头脑风暴的关键是在短时间内快速地兴奋起来，让大脑高速地运转，这样才有可能产生有价值的想法，而不是没想法硬拿时间在那熬着。所以时间不要太长，如果问题解决得不太理想，可以下次把问题转换一下再做一次头脑风暴，千万不要勉强参与者拖时间。但在时间内主持人要不停地激励甚至压榨参与者提出新的想法。

2. 热身阶段

热身活动相当于一个仪式，就是让参与者对前面的工作做一了断，把精力集中到当前的问题上来，简单说就是"思考在当下"。

最简单的办法是出点简单的算术题，让大家算一下。如果大家不太认识可以相互介绍一下，但介绍也不是简单说出自己的名字、在什么公司上班这类一般性的介绍，主持人要引导参与者说一些自己的具体工作内容，这样就有了一些"个性化"的信息，其他人容易记住你，而且参与者的脑子开始"思考在当下"了。

热身以后，主持人可以再把头脑风暴的主题描述一下，甚至可以与前几天告诉大家的问题描述稍有不同。这样会更激发参与者的热情。

3. 发散阶段

这一阶段便是要放开手脚、天马行空地胡思乱想，并一定要坚持"数量为先"的原则。主持人要不停地激励大家在规定时间内挑战到 100 个以上。设定"100"这个数字是很有意义的，因为不论主持人怎样强调"数量为先"，参与者潜意识中的目标还是要得到有创意的想法（idea），有了 100 这个数字，"想出 100 个"就成为参与者当下的目标，idea 好不好？是否有创意？就不是目标了。甚至如果时间允许，主持人可以在达到 100 个以后突然提出，每个人再想出 3 个 idea。

把每一个想法写或画在便笺纸上时一定要简洁、明了，最好不用解释别人就能明白。还有用的笔最好是粗一些的白板笔或者马克笔，这样当便笺纸贴到墙上以后，人站远一些还能看清楚。之所以要人站远些来看所有的 idea，是因为那样人更有全局观，更能看出事物间的联系和布局，这一点对下一阶段的思维汇聚至关重要。

主持人在这一阶段的任务就是不停地激励甚至压榨参与者的大脑，引导他们兴奋起来想出更多的 idea。如果主持人注意到参与者进入到一个瓶颈的状态时，他可以尝试引导大家从上帝的视角、儿童的视角、动物的视角、物体的视角等新的视角来审视问题，一定要在达到数量后再停下来进入下一阶段。

下面再介绍几种思维发散的小工具和方法。

奥斯本设问法：从增加、减少、改变、代替、颠倒、分解和组合等一系列的视角来询问是否可以对现有的产品进行改变，从而形成新的构想或发明。这一方法的最可取之处是将各种改变可能列成标准提问，当设计师面临困境时，可以逐一尝试。建议每个人可以在此基础上进一步总结新的提问视角。

身体风暴：让参与者假想置身于问题场景中，并简单搭建一个问题的环境，让参与者扮演用户来体验用户看到了什么，拿到了什么，得到了怎样的反馈，有怎样的痛楚，有怎样的欢心……当用户"真的"置身于问题场景中时，他就开始有想法了。

接龙风暴：每个人有一些想法以后就可以将想法写在便笺纸上并贴在墙上，不要去解释！其他人随便看根据自己的理解尝试在这个便笺纸下面贴出第一反应下生成的 idea。由于每个人的阅历不同，对同样的文字和图片会有不同的解读，甚至有时会产生完全相反的理解，但这种阴差阳错的、风马牛效果正是头脑风暴所需要的。

4. 汇聚阶段

汇聚阶段是从每个人开始展示自己的想法开始的，当一个人把自己的想法贴到墙上时可以稍做解释，如果其他人有类似的 idea 可以马上跟着贴在旁边，直到这个人把他所有的 idea 讲完下一个再开始讲。依次进行下去。

当所有人都讲完以后，给大家一点时间让大家退后一步来观看所有的

idea 以形成一个整体的印象。这个时间大概 5 分钟。

接下来每个人都开始尝试对所有 idea 进行分类和汇聚，并用便笺贴写下分类名称。此时不同的人会有不同的分类标准，不用强求分类标准一致，但关键是要让这些 idea 没有大的重叠。当每个人都有了分类标准以后，每个人依次讲一下，然后大家看看哪些分类标准更有效。注意不要去追求各个标准之间的逻辑关系，只要能把当前的 idea 分类清楚就可以了。

5. 针对问题具体细节的头脑风暴

当问题比较简单时，进行一轮头脑风暴后就有可能找到理想的解决方案了。但大多数情况下还需要针对前面所发现的"关键点"再进行一轮快速的头脑风暴。当然也可以把这些点留着作为下一次头脑风暴的起点。

6. 评价阶段

最后，所有人可以用"点赞"的方式来选出大家最认可的 idea。

这里推荐用"X 可行性矩阵"来进行评价。X 可行性矩阵实际上就是一个类似知觉地图的矩阵，其中一个轴线是"可行性"，另一个轴线中的 X 可以根据需要来产生，一般情况下是"创新性""有趣""吸引人""高品质感的"，等等。

(二) 与专业人士对话

头脑风暴有时过于脑洞大开，很多看起来幼稚、不切实际的想法确实会打击人的积极性，虽然在头脑风暴中强调了不要评判，但要是一段时间后仍然没有积极的方案出现，又没有很好的主持人引导，头脑风暴是无论如何也刮不起来的。"与专业人士对话"则会弥补这样的缺点，因为对方的专业性会让你充满期待，这种期待所带给人的自信和积极的心态是不可小看的，还是那句话"说你行你就行，说你不行咋都不行"，它不是没有道理的。这也就是心理学上所说的"积极心理暗示"。

与专业人士对话的目的有两个：一是快速了解当前问题场景和发展脉络；二是期待其他行业的启发。所以，选择专家时既要选择与当前问题所在领域直接相关的专家，也可以找一些间接相关的专家进行对话。在对话过程中可以先请专家介绍自己研究领域的发展脉络和研究方法，然后给出我们当前的困惑，最后再请专家从他自己专业的角度和研究方法上给出建议。

（三）学会放空

设计师的另一个重要技能是学会放空，从当前的设计场景中跳离出来，让自己从事一些简单的、机械化的、重复性的、轻松的其他活动，主要就是不要做太难、太费脑子的活动，因为随时要为灵感的迸发留出脑力空间。

现今比较好的放空活动是步行踏青、泡工夫茶、看搞笑的肥皂剧……个人最喜欢的是坐公交、火车或者飞机等交通工具时的放空，在美剧《纸牌屋》第三季的第一集中道格在接受警察询问时他也提到他思考问题的方式："I drive sometimes to think"（图 12-1）。

图 12-1　放空

放空时最好是一个人或者置身于陌生的环境中，同时身边要备好纸笔或者录音设备。本书的前言部分就是作者在机场候机厅放空时，突然想清楚了要如何去表达本书的创作思路。

放空也是个人头脑风暴的一种状态。

最后，这里推荐由英国广播公司（BBC）拍的一部纪录片《创造力：洞见缘何而来》(*The Creative Brain*：*How Insight Works*)，里面解释了人的创造力是如何产生的。

第十三章

设 计 体 验

一 设计体验的目的

当产品有了明确的概念方向以后，如何将其落地，如何将其转化为真实可见、甚至可以具体操作的"产品"，来验证方向的正确性和可行性就是"设计体验"这一阶段的主要任务。

设计体验是从"体验"的角度切入的，来为上一阶段所确定的"产品概念"寻找恰当的表达方式；也是将前期所定义的产品"在场意义"转化到人与产品互动体验中，让设计真正落地的关键阶段。

这一过程中主要使用"体验动力蓝图"和"设计原型"两种工具来寻找恰当表达设计理念和设计定义的各种可能性。

二 设计体验的要点

1. 不是"体验设计"而是"设计体验"

"体验设计"中"体验"一词是名词，是体验的设计；而"设计体验"则是指设计"体验的进程"，是在设计一个动态的过程。它更多地强调人的心理体验动态、人的行为动态，这些都是在动态变化的，与传统的设计要素中产品静态的外观美学和功能架构是有很大不同的。

强调设计"体验"的另一层意思是希望设计师把体验当作一个设计要素来考虑，这样就不仅仅是外观美学和产品功能架构的设计了。

2. 体验的层次

对体验的层次分类有很多种，比如唐纳德·诺曼在《情感化设计》中将情感的体验分为本能层、行为层和反思层，杰西·詹姆斯·加勒特在《用户体验的要素》中将体验分为战略层、范围层、结构层、框架层和表现层。其都有各自的道理，在这里我们从具体设计执行的角度切入，将体验分为两个层次：基础体验和个性体验，如图 13-1 所示。

图 13-1　体验的层次

基础体验可以说是体验的必要条件，设计师必须要很好地完成这两项工作才能体现出他的专业性。基础体验包含操作效率的体验和美学的体验，前者强调的是产品使用过程中的高效和准确性，也有人称之为"可用性"（具体大家也可以参看一些关于"人类工效学""可用性设计"的相关书籍），从可用性这个词的字面意思大家也能感觉到这一体验的基础性。

塑造美学体验是塑造产品"品质感"的一个关键要素，人类对于美的追求是发自于本能的，它能够深入到用户的内心深处，真正打动人心。同时，它也是代表设计师专业能力的一个重要指标。把效率和美的问题解决了，一个产品就基本会有一个正面积极的体验感受了，所以说这两者虽然基础但却十分必要。

个性体验是设计师在基础体验的基础上从情感的角度进一步塑造产品的个性化体验。人类的情感是极其丰富的，除了对操作效率和美感的需求之外，神秘感、安全感、尊重感、归属感、有趣……都可以转化为人与产品互动行为中的体验，都可以为产品的整体体验加分，增加用户对产品价值的认同感！个性体验是塑造产品的特征和形成产品比较优势的主要落脚点。

两个层次的体验与产品所处的发展阶段也密切相关，如果产品是处在 0 到 1 的阶段，我们认为个性体验更加重要，它会帮助产品快速拓展市场。也就是说产品可以有瑕疵，但不能没亮点。如果产品处于 1 到 N 的阶段，基础体验必须做好，否则竞争对手会拿你的瑕疵说事。

产品的属性也会影响两个层次的体验设计。如果产品的属性更接近于传统的工业化产品，更新迭代周期比较长，还是多放一些精力在基础体验上面好些，毕竟基础体验没做好后面是很难有机会改正过来的；如果产品属性偏向于非物质化的互联网产品，能够快速迭代，那么多去重视个性体验的创新会更有利于产品的快速增长，基础体验的漏洞可以很快在下一版本中修改过来。

3. 设计思维是基于"设计原型"的探索文化之上的

设计思维中很重要的一个环节就是快速将想法实现出来，然后加以验证。想法实现的工具便是"设计原型"，是设计师用来思考和探索想法的各种可能性的一个工具。原型不是最终的产品，是验证想法是否可行的阶段性模型或者局部模型。设计原型并不追求一个设计想法的完整性表达，而是快速验证设计局部的合理性和方向性，因而基于设计原型的快速迭代是设计思维的核心思维模式。快速迭代可以帮助设计师不停地逼近心中理想方案，而不是像具有完美主义倾向者那样非要把所有的问题想清楚了才肯动手去制作设计模型。这些原型从二维的效果图到三维的、具有真实材质和颜色的实体模型，都是用在设计的不同阶段来验证设计概念的不同侧面。对于设计师来说快速表达自己的想法是一个很重要的技能。

设计原型另一个很重要的功能是用来与人沟通和交流。众所周知，设计是一个交叉性很强的学科，它需要不同学科背景的人组在一起来协同工作，而不同学科背景的人所使用的技术工具是具有天然屏障的，比如机械工程师所画的 CAD 图软件工程师是很难看懂的，反之软件工程师的一串代码机械工程师也很难理解。而设计原型作为一个看得见、摸得着的工具，对各种专业背景的人甚至是用户都是容易接受和理解的。

4. 把场景演出来

设计原型并不是一个个孤立的设计模型，他是设计师头脑中针对某一场景下产品设想的实物再现，因而我们提倡不仅把设计想法做出来，还要把原型放到某一场景下表演出来加以验证，那样的测试还包括了对产品的使用环境、人的行为和其他影响因素的验证。

三 设计体验的工具

（一）"设计体验"的流程

"设计体验"的流程起始于"在场意义"和"概念设计"初步定下来的设计方向，这里我们简称为"在场概念"。

设计体验分为两个阶段：一是场景细化，即通过对场景的细化、拆解来定义出每一个细节场景的功能（图 13-2 中蓝色部分）；另一个是设计体验动力，主要设计不同场景下的体验和行为，并通过体验动力的设计来修正人的"行为进程"（图 13-2 中黄色部分）。

图 13-2 设计体验的流程

步骤一：场景拆解设计

根据产品的属性和前面所确定的"在场意义"我们先将场景拆解成一系

列更小的"活动场景"。"活动场景"就是一系列的连贯行为所定义出来的产品存在场景。比如，跑步 APP 可以分为跑前、跑中、跑后三个活动场景。

场景一般是按照事件发生的先后顺序来拆解的，但不一定全是这样，你也可以按照任务类型、产品不同发展阶段来拆解，比如还是跑步，你可以拆解为为了提高成绩的训练跑、以锻炼为目的的休闲跑、初学者的跑步、专业选手的跑步等不同的场景，而这些场景下的跑步还可以再细分为跑前、跑中和跑后。所以场景的拆解是要结合设计项目的特征的。

步骤二：场景功能定义

针对前面所分解出的"活动场景"来定义各个场景中所包含的产品功能，比如"跑前"包含了热身指导、跑前激励、以往数据回顾、设定陪跑音乐等功能。这里需要注意的是功能的定义是与场景的拆解紧密相连的，如果有些功能不好定义，往往是因你的场景拆解还不够细，你可以再重新返回到场景拆解这一层面来进行调整。

步骤三：设计体验

根据前面的场景功能定义来为每一产品功能设计体验。这里的设计一方面要照顾到场景的功能，但更多的是要考量上一阶段"概念设计"所指出的方向如何在这里体现到"体验"的设计中来。

假设按照前面所定义的"营造新的场景，以解决跑步过程中的疲劳感和枯燥感"这个在场意义时，我们选择用"游戏化"的概念来解决问题，那么这时就需要仔细考虑在哪些场景下设计怎样的游戏来减轻跑步过程中的疲劳感和枯燥感。比如在跑前热身场景下设计一些有趣的游戏来帮助跑者更充分地热身以减轻后面跑步的疲劳感，又或者我们设计一些动物角色来让跑者扮演，当遇到其他跑者时 APP 会根据所扮演的角色来让跑者做出一些行为的变化，增加与其他跑者的互动，这样就不再是枯燥的跑圈运动了。

在设计体验的时候还可以引入竞品加以对比分析，这样可以让设计师更加准确、清晰地知道哪些场景下的体验是应该重点设计的以对竞品形成强大的比较优势和差异化。

步骤四：设计行为

行为的设计分为三个层面：用户行为、产品行为和利益相关者行为。

用户行为最好理解，就是用户的所有操控动作；产品行为是指产品对人的操控动作的反馈行为；利益相关者行为则是要把其他与产品相关的人员行为也纳入到设计的范畴里来。比如，现在通过电商购买物品，人们除了仔细看各种产品的介绍还可能向客服进一步咨询，此时客服的行为对购买行为的达成就是至关重要的，所以也要把这些相关人员的行为设计纳入到设计师的工作内容里来。

行为的设计是一个不停地动态调整的过程，它既与前面的"设计体验"环节相关，又受制于后面的"体验动力设计"环节。三者相互影响，最终构建出一个合理的行为流程。

步骤五：体验动力设计

体验动力设计是从体验的三个角度（效率、美学、个性化情感）角度来对前面行为设计进行修正和调整的，从而保证各种行为的流畅和体验良好。在这里我们将效率、美学、个性化情感理解为用户持续使用产品的三种动力源，也是设计师三个设计体验的着手点。

（二）场景体验动力蓝图

场景体验动力蓝图是设计产品体验进程的工具，其主要通过构建产品的体验推动力，以检验产品是否具有足够的推动力来让用户顺利地完成与产品的一系列互动行为。

1. 什么是"体验动力"？

体验动力蓝图首先解释"体验动力"，先看图 13-3。

图 13-3　体验动力对比

这是两张跑步 APP 的首界面，第一张是 Nike$^+$ 的，你看到的第一眼是你已经累积跑了多远的距离和一些跑步的基础数据，界面最下面是"开始跑步"的大按键；第二张是目前国内较为优秀的一款跑步 APP"咕咚"，一进来你看到的第一眼是浮于地图上面的"开始跑步"按键。仔细比较两个界面，你会感觉哪张会让你更有跑步的动力呢？尤其是看到"97.48"这个数字，哪个会激起你完成第一个百公里的跑步呢？很明显是 Nike$^+$ 的界面带给你更多的跑步动力，尤其是随着跑步距离的累积，你会越来越有动力去冲向 200、500和 1 000 公里。这种动力的塑造便是设计师要设计的"体验"，也是体验动力蓝图的核心所在。当然，"咕咚"的动力更多地体现在高效率上——打开APP直接点击"开始跑步"，这对于已经不在乎距离的专业跑者是更合理的体验动力设计。

2. 场景体验动力蓝图

场景体验动力蓝图就是按照前面的设计体验的流程来将设计的细节落实到如图 13-4 所示的这一个个蓝图里面。这样可以整体地看到设计体验的全流程，并方便检验底层的行为是否符合顶层的功能设定，尤其是可以非常直观地看到体验动力对行为设计的修正过程。图 13-5 所示为跑步前场景所构建的场景体验动力蓝图。

场景拆解		场景一	场景二	场景三
场景功能定义				
设计体验	竞品一			
	竞品二			
	体验描述			
设计行为	产品行为			
	用户行为			
	利益相关者行为			
体验动力设计	效率			
	美学形式			
	个性化情感			

图 13-4　场景体验动力蓝图

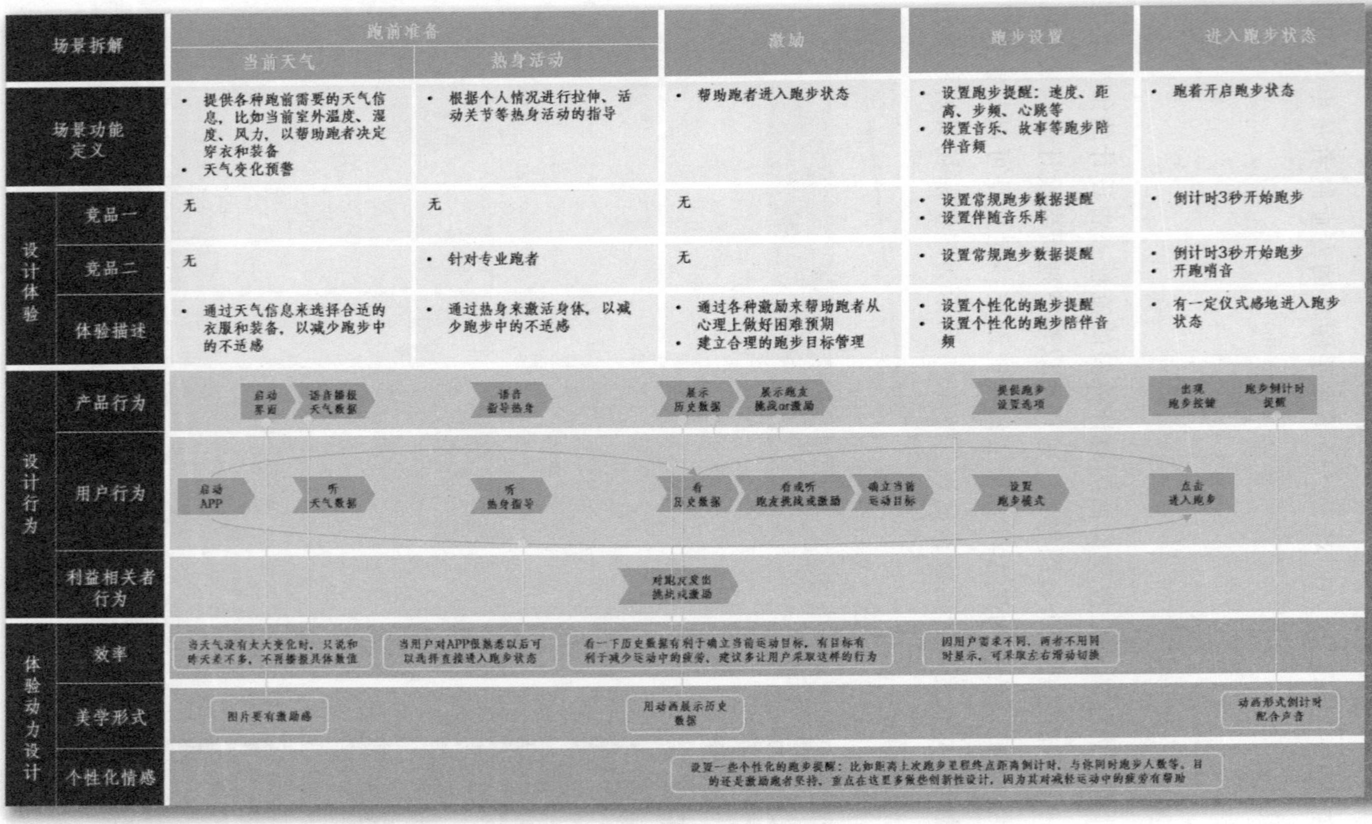

场景拆解	跑前准备		激励	跑步设置	进入跑步状态
	当前天气	热身活动			
场景功能定义	• 提供各种跑步需要的天气信息，比如当前室外温度、风力，穿衣和装备，以帮助跑者决定 • 天气变化预警	• 根据个人情况进行拉伸，活动关节等热身活动的指导	• 帮助跑者进入跑步状态	• 设置跑步提醒：速度、步频提醒、心率等跑步阶段体育频	• 跑者开始跑步
竞品一	无	无	无	• 设置常规跑步数据提醒	• 倒计时3秒开始跑步
竞品二	无	• 针对专业跑者	无	• 设置伴随跑音语音提醒	• 倒计时3秒开始跑步开跑清音
体验描述	• 通过天气信息来选择合适的衣服和装备，以减少跑步中的不适感	• 通过热身来避免身体，减少跑步中的不适感	• 通过各种鼓励来帮助跑者从心理上做好跑步预期建立合理的跑步目标管理	• 设置个性化的跑步的陪伴音频 • 设置个性化的跑步陪伴频	• 有一定仪式感进入跑步状态
产品行为	启动画面 / 活动提醒 / 看天气数据		显示历史数据 / 是否有反馈跑步数据	更换跑步设置选项	出现跑步倒计时反馈
用户行为	启动APP / 看天气数据	看热身指导	看反馈跑步成绩	设置跑步模式 / 确立当前运动目标	点击进入跑步
利益相关者行为	图片更新数据库	当用户在APP数据库以后可以这并且接进入跑步	用户运动展示历史数据库		运动数据展示历史
效率	当天气没有太大变化时候未不需要不列表查看具体数值		有一页历史数据可针对建立每周运动目标、制订目标、针对减少运动中的探索	提醒用户要不要，两者不同，显要示，可更换可节省运动时间链接	
美学形式					动静展示跑少跑步反馈
个性化情感	设置一些个性化的数据展现：比如来上次跑少更慢去系两运动计时，或者这个数据的运动计时，因为这样探怀运动中的探索也协会帮助				

图 13-5 "跑前"场景体验动力蓝图

（三）设计原型

在设计体验的流程中（图 13-6），当确定了场景的功能定义以后我们可以得到"功能原型"，它主要用来确认产品的功能架构的合理性；当确定了用户和产品的行为以后，我们可以得到"交互原型"，它主要用来确认人机交互界面的合理性；最终在功能原型和交互原型的基础上设计师可以进行"风格原型"的设计，它主要用来塑造产品的风格、美学的特征。（具体可参见第五章的相关内容。）

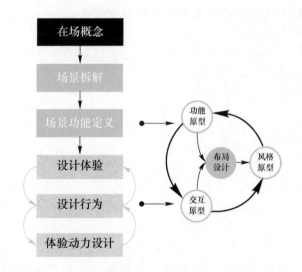

图 13-6　设计体验流程中的设计原型

这里需要注意一点："风格原型"需要以前两者为基础。只有功能原型和交互原型将产品的整体框架和布局确认好了，风格原型才有实现的基础。但是，风格原型对功能原型和交互原型也是有反作用力的，当产品的主要竞争优势是依靠设计风格上的比较优势时，功能原型和交互原型也是需要做出调整来保证风格的实现的。三者实际上是循环迭代、相互影响，最终寻找到有利于大家的一个平衡点的。

后记

在本书的写作过程中有很多书给了我很大的启发：

《设计方法与策略：代尔夫特设计指南》

《通用设计方法》

《101 Design Methods》

《体验设计：创意就为改变世界》

《用户体验面面观——方法、工具与实践》

......

但在这些书中我发现了一个很有趣的现象：前面四本书应该是有设计师背景的人写的，作者既有欧洲，也有美国的，还有来自东方日本的。他们写作的一个最大特点是"蜻蜓点水"，也就是基本上用1～2页就把一个设计方法介绍完了，甚至还包括了案例。而当我读到《用户体验面面观——方法、工具与实践》这本书时有些被惊到的感觉，里面介绍的各种方法非常详尽细致，比如"焦点小组"这一用户研究方法从164页一直写到了202页，而在《设计方法与策略：代尔夫特设计指南》和《通用设计方法》两本书中都只是1～2页就讲完了。

为什么会有如此大的不同？

我仔细查了一下《用户体验面面观——方法、工具与实践》一书的作者 Mike Kuniavsky：

"View Mike Kuniavsky's business profile as Ethnographer，Principal Scientist at Palo Alto Research Center…He received a dual major B. S. /B. A. in Computer Science and Film/Video Studies from the University of Michigan."

从这里我基本可以判定 Mike Kuniavsky 不是设计师出身，而是一名搞科学研究的人类学家。科学研究必须注重研究方法与实验逻辑的科学性和严谨性，因为科学研究是要解释或证明一件事。

再看设计，它不是做科学研究，不仅要解释或证明，更要在解释和证明之后创造新的产品、新的服务！所以方法不是重点，用方法进行创新才是核心。

这也就是为什么在本书的前言中我们认为"设计不是一个方法操作层面的事"，那些"蜻蜓点水"的设计类图书也从侧面证明了我们这一看法。

既然设计创新不是方法操作层面的事，那么设计创新的关键是什么？

2007 年，当 Steve Jobs 与 Bill Gates 两位 "Frienemy"（Friend ＋ Enemy）历史性地同台 D5 座谈会时，记者问到 Bill 最佩服 Steve 的是什么，Bill 几乎不假思索地就回答了：I would give a lot to have Steve's taste.（我愿意牺牲很多东西换取 Steve 的品位）。

什么是品位？这里的品位就是乔布斯与众不同的眼界和意识，其不是靠所谓的设计方法就能达成的，是需要设计师有意识地去培养和训练的。

所以在本书中前半部分是在讲设计意识的培养，并提出设计不是用户需求的解决方案，而是提供有品质感的创新设计。作者希望通过"场景体验动力蓝图"这一工具来帮助提升产品体验的品质感。

最后，本书的写作主要是基于作者多年来的设计教学的思考和积累，其中很多理念和方法的提出是出于教学过程中的感悟，而没有追求似科学研究般逻辑思维的严密性，所以难免有些过于个人主观的阐述和判断，希望只是当作一家之言吧，喜则听之，勿喜忘之。